普通高等教育“十三五”应用型人才培养规划教材

LabVIEW 2014 快速入门实例精讲

主　编 ○ 王孝平　李小玲
副主编 ○ 董秀成　郑海春　古世甫

西南交通大学出版社
·成　都·

图书在版编目（CIP）数据

LabVIEW 2014 快速入门实例精讲 / 王孝平，李小玲主编. —成都：西南交通大学出版社，2016.11
普通高等教育“十三五”应用型人才培养规划教材
ISBN 978-7-5643-5100-7

Ⅰ. ①L… Ⅱ. ①王… ②李… Ⅲ. ①软件工具 – 程序设计 – 高等学校 – 教材 Ⅳ. ①TP311.56

中国版本图书馆 CIP 数据核字（2016）第 262967 号

普通高等教育“十三五”应用型人才培养规划教材

LabVIEW 2014 快速入门实例精讲

主编　王孝平　李小玲

责任编辑	穆　丰
封面设计	何东琳设计工作室
出版发行	西南交通大学出版社 （四川省成都市二环路北一段 111 号 西南交通大学创新大厦 21 楼）
发行部电话	028-87600564　028-87600533
邮政编码	610031
网址	http://www.xnjdcbs.com
印刷	四川森林印务有限责任公司
成品尺寸	185 mm×260 mm
印张	11
字数	261 千
版次	2016 年 11 月第 1 版
印次	2016 年 11 月第 1 次
书号	ISBN 978-7-5643-5100-7
定价	29.80 元

课件咨询电话：028-87600533

前　言

LabVIEW（Laboratory Virtual instrument Engineering Workbench）是一种图形化的编程语言开发环境，它广泛地被工业界、学术界和研究实验室所接受，视为一个标准的数据采集和仪器控制软件。LabVIEW 集成了满足 GPIB、VXI、RS-232 和 RS-485 协议的硬件及数据采集卡通信的全部功能，它还内置了便于应用 TCP/IP、ActiveX 等软件标准的库函数。这是一种功能强大且灵活的软件，利用它可以方便地建立自己的虚拟仪器，其图形化的界面使得编程及使用过程都生动有趣。

LabVIEW 软件是 NI 设计平台的核心，也是开发测量或控制系统的理想选择。LabVIEW 开发环境集成了工程师和科学家快速构建各种应用所需的所有工具，旨在帮助工程师和科学家解决问题、提高生产力和不断创新。LabVIEW 的函数库包括数据采集、GPIB、串口控制、数据分析、数据显示及数据存储，等等。LabVIEW 也有传统的程序调试工具，如设置断点、以动画方式显示数据及其子程序（子 VI）的结果、单步执行等，以便于程序的调试。

LabVIEW 2014 具有丰富的特性化模块，可通过添加 NI 和第三方的附加软件来满足顾客的项目需求。包含的模块有：LabVIEW Real-Time 模块，LabVIEW FPGA 模块，用于 ARM 微控制器的 NI LabVIEW 嵌入式模块，NI LabVIEW Mobile 模块，NI LabVIEW 触摸屏模块，NI LabVIEW 无线传感器网络模块，LabVIEW 视觉应用开发模块，声音和振动测量套件，声音与振动工具包，NI LabVIEW 因特网工具包，NI LabVIEW 高级信号处理工具包，NI LabVIEW 自适应滤波器工具包，NI LabVIEW 数字滤波器设计工具包，NI LabVIEW MathScript RT 模块，频谱测量工具包等。

本书以 LabVIEW 2014 为开发环境，在系统总结作者多年开展 LabVIEW 教学和应用开发的经验和成果的基础上进行编写，内容体系充分考虑了学习者快速入门的迫切需求，在必备知识介绍完毕后，深入浅出地以实际样例进行讲解指导。本书采用图文结合、寓教于例的模式。前面为基础部分，包含前面板、程序面板、数据类型、控制结构，后面部分集中讲解子 VI、局部变量和全局变量、串口通信、网口通信、DLL 调用。力求使读者在尽量短的时间内，在 LabVIEW 众多功能中，快速找到并掌握自己需要的功能。

本书主要由西华大学电气与电子信息学院王孝平老师、成都大学信息科学与工程学院李小玲老师编写，编写分工为：第 1 章 ~ 第 4 章由李小玲编写，第 5 章 ~ 第 9 章由王孝平编写，参与编写工作的还有董秀成老师、郑海春老师和古世甫老师。另外，董秀成教授工作室的研究生也参与了其中的部分工作。

由于编著者水平有限，书中难免有疏漏之处，恳请广大读者批评指正。

编　者

2015 年 12 月

目　录

第1章 LabVIEW 2014 概述

LabVIEW（Laboratory Virtual Instrument Engineering Workbench）是一种用图标代替文本行创建应用程序的图形化编程语言。传统文本编程语言根据语句和指令的先后顺序决定程序执行顺序，而 LabVIEW 则采用数据流编程方式。在数据流编程方式下，数据在程序框图节点中的流动决定了 VI 和函数的执行顺序。VI（Virtual Instruments）指虚拟仪器，是指可模拟物理仪器的 LabVIEW 程序。LabVIEW 提供很多外观与传统仪器（如示波器、万用表）类似的控件，可用来方便地创建用户界面。用户界面在 LabVIEW 中被称为前面板。前面板创建完毕后，可使用图形化的函数添加源代码来控制前面板上的对象，以创建符合实际项目需求的 VI。

LabVIEW 2014 是目前最新版本，具有最新最全的功能。本章比较全面地介绍 LabVIEW 的特性和相关内容：

本章重点：

- 什么是 LabVIEW；
- 什么是虚拟仪器；
- LabVIEW 的优点；
- LabVIEW 的模块化特性；
- LabVIEW 2014 编程环境的改进；
- LabVIEW 2014 新增的函数和节点；
- LabVIEW 2014 程序生成器的改进；
- LabVIEW 2014 触摸面板功能的改进。

1.1 认识 LabVIEW

1.1.1 LabVIEW

LabVIEW（Laboratory Virtual Instrument Engineering Workbench），即实验室虚拟仪器工程平台，它是一种程序开发环境，由美国国家仪器（NI）公司研制开发，类似于 C 和 BASIC 开发环境。但是，LabVIEW 与其他计算机语言的显著区别是：其他计算机语言都是采用基于文本的语言产生代码，而 LabVIEW 使用的是图形化编辑语言 G 编写程序，产生的程序是框图的形式。LabVIEW 软件是 NI 设计平台的核心，也是开发测量或控制系统的理想选择。LabVIEW 开发环境集成了工程师和科学家快速构建各种应用所需的所有工具，旨在帮助工程师和科学家解决问题、提高生产力和不断创新。

与 C、BASIC 一样，LabVIEW 也是通用的编程系统，有一个完成任何编程任务的庞大函数库。LabVIEW 的函数库包括数据采集、GPIB、串口控制、数据分析、数据显示、数据存储，等等。LabVIEW 也有传统的程序调试工具，如设置断点、以动画方式显示数据及其子程序（子 VI）的结果、单步执行等，便于程序的调试。

LabVIEW 提供很多外观与传统仪器（如示波器、万用表）类似的控件，可用来方便地创建用户界面。用户界面在 LabVIEW 中被称为前面板。使用图标和连线，可以通过编程对前面板上的对象进行控制，这就是图形化源代码，又称 G 代码。LabVIEW 的图形化源代码在某种程度上类似于流程图，因此又被称作程序框图代码。

虚拟仪器研究的另一个问题是各种标准仪器的互连及与计算机的连接，目前使用较多的是 IEEE488 或 GPIB 协议。未来的仪器也应当是网络化的。

LabVIEW 是一种图形化的编程语言的开发环境，它广泛地被工业界、学术界和研究实验室所接受，视为一个标准的数据采集和仪器控制软件。LabVIEW 集成了满足 GPIB、VXI、RS-232 和 RS-485 协议的硬件及数据采集卡通信的全部功能。它还内置了便于应用 TCP/IP、ActiveX 等软件标准的库函数。利用它可以方便地建立自己的虚拟仪器，其图形化的界面使得编程及使用过程都生动有趣，如图 1.1.1 所示。

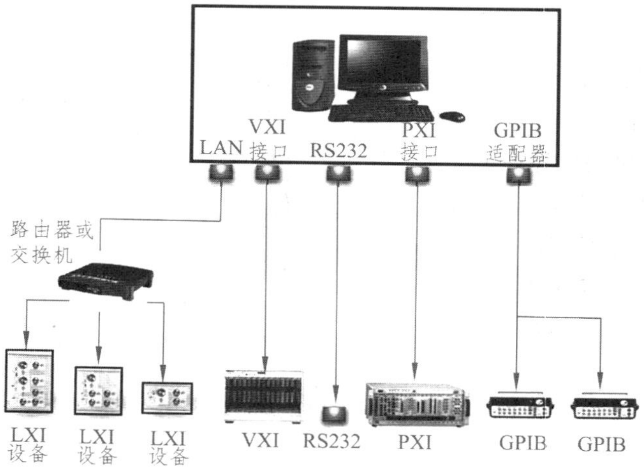

图 1.1.1 典型的虚拟仪器接口

图形化的程序语言，又称为“G”语言。使用这种语言编程时，基本上不写程序代码，取而代之的是流程图或框图。它尽可能利用了技术人员、科学家、工程师所熟悉的术语、图标和概念，因此，LabVIEW 是一个面向最终用户的工具。它可以增强读者构建自己的科学和工程系统的能力，提供了实现仪器编程和数据采集系统的便捷途径。使用它进行原理研究、设计、测试并实现仪器系统时，可以大大提高工作效率。

利用 LabVIEW，可产生独立运行的可执行文件，它是一个真正的 32 位/64 位编译器。与许多重要的软件一样，LabVIEW 提供了 Windows、UNIX、Linux、Macintosh 多种版本。

它主要的方便就是，在只有一种硬件的情况下，可以通过改变软件，就可以实现不同的仪器仪表的功能，因此非常方便，实现了“软件即硬件”。现在的图形化主要针对上层的系统，国内现在已经开发出图形化的单片机编程系统（支持 32 位的嵌入式系统，并且是可以扩展的）。

1.1.2　虚拟仪器

虚拟仪器（Virtual Instrument）是基于计算机的仪器。计算机和仪器的密切结合是目前仪器发展的一个重要方向。粗略地说，这种结合有两种方式：一种是将计算机“装入”仪器，其典型的例子就是所谓智能化的仪器。随着计算机功能的日益强大以及其体积的日趋缩小，这类仪器功能也越来越强大，目前已经出现含嵌入式系统的仪器。另一种方式是将仪器“装入”计算机，以通用的计算机硬件及操作系统为依托，实现各种仪器功能，如图 1.1.2 所示，虚拟仪器主要是指第二种方式。

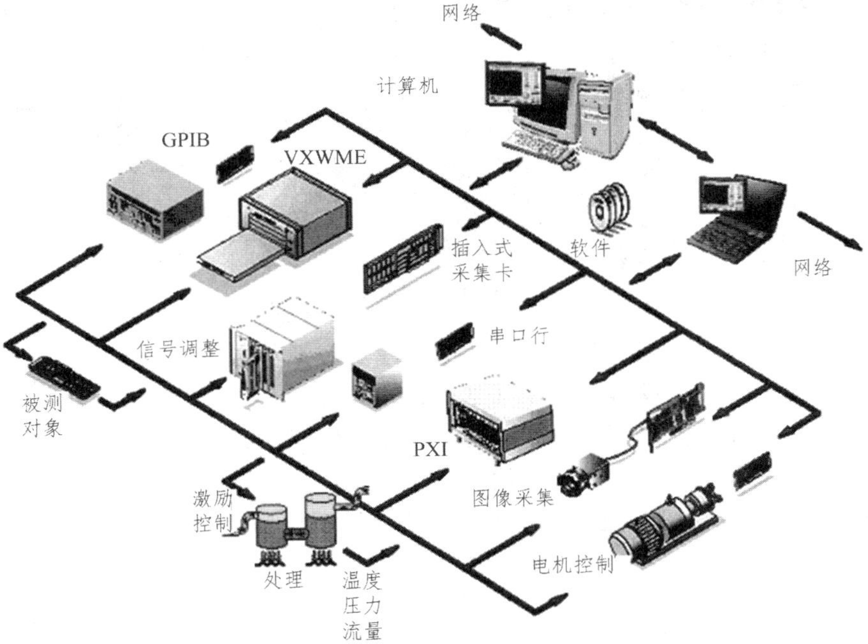

图 1.1.2　典型的虚拟仪器结构

虚拟仪器实际上是一个按照仪器需求组织的数据采集系统，其研究中涉及的基础理论主要有计算机数据采集和数字信号处理。目前在这一领域内，使用较为广泛的是美国 NI 公司的 LabVIEW。

虚拟仪器的起源可以追溯到 20 世纪 70 年代，那时计算机测控系统在国防、航天等领域已经有了相当的发展。PC 机出现以后，仪器级的计算机化成为可能，甚至在 Microsoft 公司的 Windows 诞生之前，NI 公司已经在 Macintosh 计算机上推出了 LabVIEW 2.0 以前的版本。对虚拟仪器和 LabVIEW 长期、系统、有效地研究开发使得该公司成为业界公认的权威。目前，LabVIEW 的最新版本为 LabVIEW 2014，LabVIEW 2009 为多线程功能添加了更多特性，这种特性在 1998 年的版本 5 中被初次引入。使用 LabVIEW 软件，用户可以借助于它提供的软件环境，该环境由于其数据流编程特性、LabVIEW Real-Time 工具对嵌入式平台开发的多核支持，以及自上而下的为多核而设计的软件层次，是进行并行编程的首选。典型的虚拟仪器界面如图 1.1.3 所示。

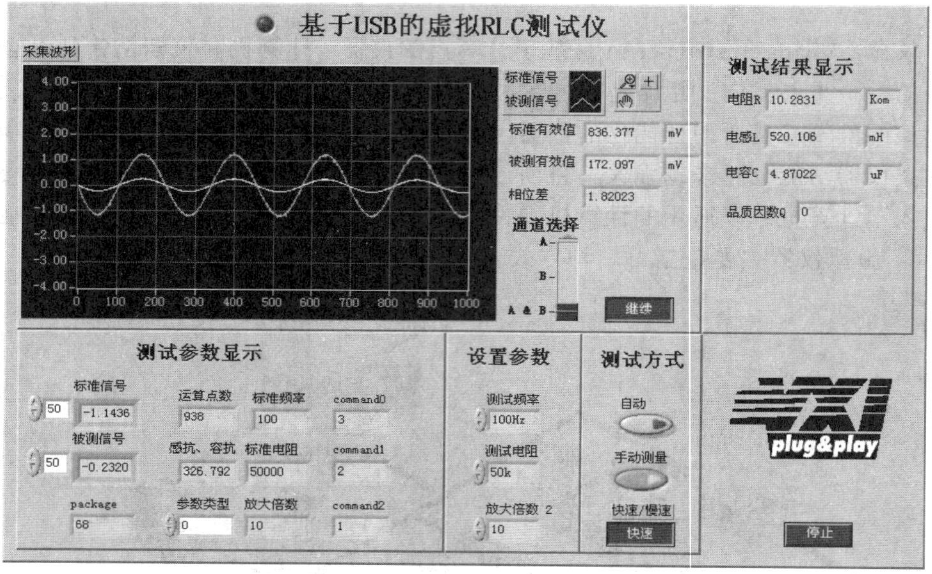

图 1.1.3 典型的虚拟仪器界面

普通的 PC 有一些不可避免的弱点。用它构建的虚拟仪器或计算机测试系统性能不可能太高。目前作为计算机化仪器的一个重要发展方向是制定了 VXI 标准，这是一种插卡式的仪器。每一种仪器都是一个插卡，为了保证仪器的性能，又采用了较多的硬件，但这些卡式仪器本身都没有面板，其面板仍然用虚拟的方式在计算机屏幕上出现。这些卡插入标准的 VXI 机箱，再与计算机相连，就组成了一个测试系统。

VXI 仪器价格昂贵，目前又推出了一种较为便宜的 PXI 标准仪器。

1.1.3 LabVIEW 具有的优点

测试测量：LabVIEW 最初就是为测试测量而设计的，因而测试测量也就是现在 LabVIEW 最广泛的应用领域。经过多年的发展，LabVIEW 在测试测量领域获得了广泛认可。至今，大多数主流的测试仪器、数据采集设备都拥有专门的 LabVIEW 驱动程序，使用 LabVIEW 可以非常便捷地控制这些硬件设备。同时，用户也可以十分方便地找到各种适用于测试测量领域的 LabVIEW 工具包。这些工具包几乎覆盖了用户所需的所有功能，用户在这些工具包的基础上再开发程序就容易多了。有时甚至于只需简单地调用几个工具包中的函数，就可以组成一个完整的测试测量应用程序。

控制：控制与测试是两个相关度非常高的领域，从测试领域起家的 LabVIEW 自然而然地首先拓展至控制领域。LabVIEW 拥有专门用于控制领域的模块 LabVIEW DSC。除此之外，工业控制领域常用的设备、数据线等通常也都带有相应的 LabVIEW 驱动程序。使用 LabVIEW 可以非常方便地编制各种控制程序。

仿真：LabVIEW 包含了多种多样的数学运算函数，特别适合进行模拟、仿真、原型设计等工作。在设计机电设备之前，可以先在计算机上用 LabVIEW 搭建仿真原型，验证设计的合理性，找到潜在的问题。在高等教育领域，有时使用 LabVIEW 进行软件模拟，就可以达到与实物同样的效果，使学生不致失去实践的机会。

儿童教育：由于图形外观漂亮且容易吸引儿童的注意力，同时图形比文本更容易被儿童接受和理解，所以 LabVIEW 非常受少年儿童的欢迎。对于没有任何计算机知识的儿童而言，可以把 LabVIEW 理解成是一种特殊的“积木”：把不同的原件搭在一起，就可以实现自己所需的功能。著名的可编程玩具“乐高积木”使用的就是 LabVIEW 编程语言。儿童经过短暂的指导就可以利用乐高积木提供的积木搭建成各种车辆模型、机器人等，再使用 LabVIEW 编写控制其运动和行为的程序。除了应用于玩具，LabVIEW 还有专门用于中小学生教学使用的版本。

快速开发：根据笔者参与的一些项目统计，完成一个功能类似的大型应用软件，熟练 LabVIEW 程序员所需的开发时间，大概只是熟练的 C 程序员所需时间的 1/5 左右。所以，如果项目开发时间紧张，应该优先考虑使用 LabVIEW，以缩短开发时间。

跨平台：如果同一个程序需要运行于多个硬件设备之上，也可以优先考虑使用 LabVIEW。LabVIEW 具有良好的平台一致性。LabVIEW 的代码不需任何修改就可以运行在常见的三大台式机操作系统上：Windows、Mac OS 及 Linux。除此之外，LabVIEW 还支持各种实时操作系统和嵌入式设备，比如常见的 PDA、FPGA 以及运行 VxWorks 和 PharLap 系统的 RT 设备。

1.1.4　LabVIEW 的模块化特性

LabVIEW 的模块化特性，可通过添加 NI 和第三方的附加软件来满足顾客的项目需求。以下列出的各种 LabVIEW 函数和高级工具可用于帮助用户开发特定应用并将其部署至终端。

1. 集成部署硬件

结合可编程自动化控制器（PAC），设计与部署硬件终端，如实时系统和基于现场可编程门阵列（FPGA）的系统。例如：LabVIEW Real-Time 模块，LabVIEW FPGA 模块，用于 ARM 微控制器的 NI LabVIEW 嵌入式模块，NI LabVIEW Mobile 模块，NI LabVIEW 触摸屏模块，NI LabVIEW 无线传感器网络模块，LabVIEW C 代码生成器，NI 实时管理程序。

2. 信号处理、分析和连接

添加用于声音和振动测量、机器视觉、RF 通信、瞬时与短时信号分析等的专用图像和信号处理函数。例如：LabVIEW 视觉应用开发模块，声音和振动测量套件，声音与振动工具包，NI LabVIEW 因特网工具包，NI LabVIEW 高级信号处理工具包，NI LabVIEW 自适应滤波器工具包，NI LabVIEW 数字滤波器设计工具包，NI LabVIEW MathScript RT 模块，频谱测量工具包，NI LabVIEW 调制工具包，NI LabVIEW 机器人模块，LabVIEW 生物医学工具包，LabVIEW 电能套件，ECU 测量和校准工具包，用于 LabVIEW 的 GPS 仿真工具包，用于固定 WiMAX 的测量套件，NI WLAN 测量套件，汽车诊断指令集，LabVIEW GPU 分析工具。

3. 控制与仿真

使用高级控制算法、动态仿真与运动控制软件，设计、仿真并执行控制系统。例如：NI LabVIEW PID 和模糊逻辑工具包，NI LabVIEW 控制设计与仿真模块，NI LabVIEW 系统辨识工具包，NI LabVIEW 仿真接口工具包，LabVIEW NI SoftMotion 模块。

4. 数据管理、记录与报表生成

快速记录、管理、搜索采集的数据并将其导出至第三方软件工具（如 Microsoft Office 和工业标准的数据库）。例如：NI LabVIEW 数据记录与监控模块，NI LabVIEW Microsoft Office 报表生成工具包，NI LabVIEW 数据库连接工具包，NI LabVIEW DataFinder 工具包，NI LabVIEW SignalExpress。

5. 开发工具和验证

用户可利用代码分析仪和单元测试架构，评估图形化代码质量并根据开发需求实现回归测试和验证等操作的自动化。例如：NI LabVIEW VI 分析仪工具包，NI LabVIEW 状态图模块，NI LabVIEW 桌面执行跟踪工具包，NI 需求管理软件，NI Real-Time 执行跟踪工具包，NI LabVIEW 单元测试架构工具包。

6. 应用发布

通过创建可执行程序、安装程序和 DLL，将 LabVIEW 应用程序发布给用户；或者通过网络或因特网共享用户界面。例如：NI LabVIEW 应用程序生成器 （Windows 版）。

1.2 LabVIEW 2014 的新增功能及改动

1.2.1 程序框图的改进

1. 将隧道替换为分支选择器

在 LabVIEW 2014 中，可将条件结构上的输入隧道转换为分支选择器。此时，右键单击隧道，从快捷菜单中选择替换为分支选择器，LabVIEW 将把该隧道转换为分支选择器，如图 1.2.1 所示。改变连接至分支选择器的输入数据将改变选择器标签上可用的分支。将隧道替换为分支选择器后，LabVIEW 2014 将把原隧道转换为分支选择器，如图 1.2.2 所示。

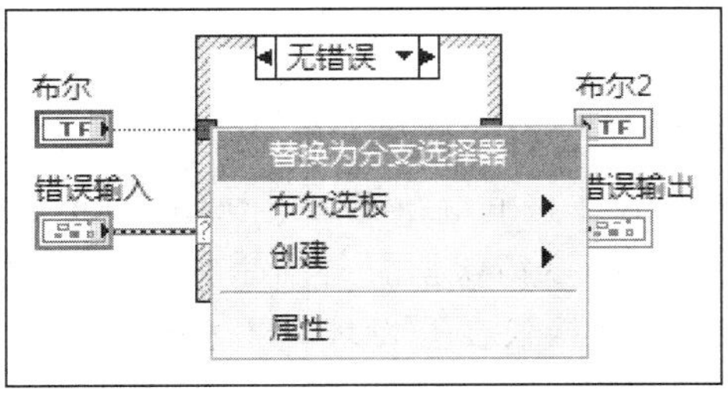

图 1.2.1　替换为分支选择器

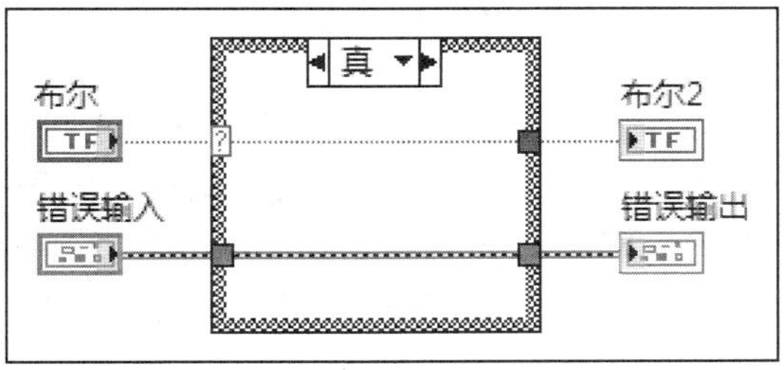

图 1.2.2　替换为分支选择器后

此外，也可使用替换为分支选择器方法通过编程将隧道转换为分支选择器。

2. 自动连线 VI 对象

LabVIEW 2014 中，可使用快速放置键盘快捷方式来连接程序框图上的多个对象。首先，选中一行或多行对象，按“Ctrl+Shift+Space”打开快速放置对话框。快速放置对话框出现后，按“Ctrl+W”，LabVIEW 将自动连线选中的对象。此外，还可直接按“Ctrl+Shift+Space+W”连接程序框图上的一行或多行对象并清理选中的对象代码。

1.2.2　前面板和编程环境的改进

LabVIEW 2014 对前面板的改进是在银色选板下新增了“修饰”选板，可便捷地访问银色样式修饰。

LabVIEW 2014 对 LabVIEW 编程环境进行了以下改进：

1. 解决由于缺失子 VI 引起的错误

在 LabVIEW 2014 中，可使用错误列表窗口或即时帮助窗口来确定缺失的子 VI 位置。在 LabVIEW 的早期版本中，错误列表窗口可显示缺失了某子 VI，但却不能提供该子 VI 的位置详情。LabVIEW 2014 中，错误列表窗口将列出包含该缺失子 VI 的驱动、工具包或模块，并提供解决错误的帮助信息。此外，“即时帮助”窗口也将显示缺失的子 VI 的路径。

2. 检查和更新自定义类型实例

LabVIEW 2013 及更早版本中，修改某自定义类型后，从该自定义类型更新自定义类型实例时，LabVIEW 可能丢失或不能正确保存实例的默认值。

多数情况下，LabVIEW 可在正确保留各实例默认值的同时从自定义类型更新。如某实例无法自动更新，LabVIEW 将把该实例列入未解决状态，直到用户使用“从自定义类型检查并更新”对话框手动更新。

右键单击未解决状态的实例并选择“从自定义类型检查和更新”，可打开“从自定义类型检查和更新”对话框。“从自定义类型检查和更新”快捷菜单替换了 LabVIEW 2013 及更早版本中的“从自定义类型更新”快捷菜单。

1.2.3 对话框的改进

从错误对话框调试错误代码：在 LabVIEW 2014 中，可从“解释错误”对话框和“简易错误处理器 VI”对话框轻松定位错误代码的调试信息。单击新增的“在 ni.com 上搜索错误信息”超链接即可在默认浏览器中显示 ni.com 上搜索错误信息的结果。此外，该超链接还默认在“通用错误处理器 VI”对话框中显示，超链接仅在开发环境中显示，效果如图 1.2.3 所示。

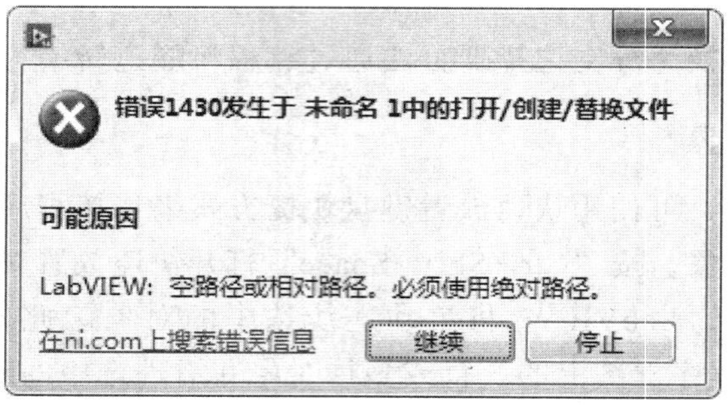

图 1.2.3 错误对话框

1.2.4 新增和改动的 VI、函数和节点

1. 通过编程获取或设置程序生成规范的版本信息

应用程序生成器选板新增了下列 VI：获取程序生成规范版本，设置程序生成规范版本。使用上述 VI 通过编程的方法对有版本号的程序生成规范进行获取或设置版本信息的操作。

2. 操作者框架 VI

LabVIEW 2014 的操作者框架选板上包含下列新增 VI：

（1）操作者：启动根操作者——启动一个为操作者处理任务和消息的异步运行 VI。该 VI 返回一个待入队列的引用，可用于发送消息给新启动的操作者。

（2）操作者：启动嵌套操作者——启动一个为嵌套操作者处理任务和消息的异步运行 VI。该 VI 可用于启动嵌套操作者，它将返回一个待入队列的引用，可用于发送消息给新启动的操作者。

（3）发送启动嵌套操作者消息——将包含一个操作者的消息发送给另一操作者。消息接收方将把搭载的操作者作为嵌套操作者启动。该 VI 仅适用于操作者给本身发送消息。

3. 存储/数据插件 VI

（1）打开数据存储——该 Express VI 配置对话框的从 ni.com/dataplugins 获取更多数据

插件已被替换为安装/更新数据插件按钮。单击安装/更新数据插件启动安装/更新数据插件对话框，可在 NI 网站（ni.com/dataplugins）搜索、安装和更新数据插件。

（2）罗列数据插件——该 VI 包含新增的源输入端，可指定 LabVIEW 是否罗列本机或 NI 网站的数据插件。

（3）注册数据插件——该 VI 包含新增的“按名称安装数据插件”实例。使用该实例可从“ni.com/dataplugins”安装数据插件至本机。

4. 其他 VI 和函数的改动

（1）自类名获取类层次结构——使用继承自“通用”的指定类名返回一个降序排列的类名数组。假设类名为 WhileLoop，该 VI 返回下列数组：[Generic，GObject，Node，Structure，Loop，WhileLoop]。

（2）高精度相对秒钟——返回定时器的值。该 VI 与“时间计数器”函数类似，但提供精度更高的时间标识。使用该 VI 可对代码进行高精度的实时性确认。

（3）为路径且非空——如路径为非空路径和<非法路径>以外的值时，该 VI 返回 TRUE；否则，VI 返回 FALSE。

（4）变体常量——用于传递空变体至程序框图。使用该 VI 时，LabVIEW 总是放置一个空变体，该变体的值不允许编辑。

（5）发送错误报告——该 VI 用于向操作者发送错误。错误将由操作者的错误处理 VI 进行处理。如错误在该处得不到处理，操作者将停止运行。

（6）TDMS 设置属性——该函数包含对 NI_MinimumBufferSize 属性的改进，允许用户在组级或文件级设置.tdms 文件的最小缓冲区大小。

（7）清除错误——该 VI 包含新增的“清除指定错误代码”输入端，仅清除连线至该输入端的特定错误代码。该 VI 还包含新增的“指定错误已清除？”输出端，指示清除指定错误代码所引用的错误是否已被清除。

1.2.5 应用程序生成器的改进

1. 部署安装程序至 Windows Embedded Standard 终端

可部署生成的安装程序至运行 Windows Embedded Standard 操作系统的终端。在项目浏览器中，右键单击 Windows Embedded Standard 终端下的程序生成规范并选择部署或安装。

2. 加载相同库版本打包项目库和共享库的改进

较早版本的 LabVIEW 在用户交叉链接共享库或打包项目库时会打开“加载警告摘要”对话框，为简化从相同版本的 VI 或打包项目库加载共享库，LabVIEW 2014 对该对话框进行了压缩。交叉链接发生于从两个不同位置的 VI 或打包项目库加载相同名称的共享库，且首先加载的共享库仍在内存中。在第二个位置加载共享库时，LabVIEW 将链接至第一个位置加载的共享库。相同版本的共享库或打包项目库是指两者拥有相同的版本号。

3. 从程序生成规范排除非独立打包项目库和共享库

LabVIEW 2014 中在创建含相同库的多个版本输出时可减少 LabVIEW 复制的文件数量。此时，可指定从程序生成规范中排除非独立打包库和共享库，而让 LabVIEW 保留被排除文件的源位置的相对链接。否则，LabVIEW 将在每个版本输出中包含这些打包项目库和共享库的副本。要排除这些库，请在程序生成规范属性对话框的附加排除项页上启用“不包括非独立打包库”和“不包括非独立共享库”。

4. 设置程序生成规范中包含的打包项目库和共享库目标

LabVIEW 2014 可指定在程序生成规范配置中包含的非独立打包项目库和共享库的目标。如需指定非独立文件的目标，请在程序生成规范的源文件设置页选择“依赖关系”。然后，启用“为包含的所有项设置目标”和“为打包库和共享库设置目标”，并在下拉菜单中选择目标。

5. 管理源代码发布的已编译代码

在 LabVIEW 2013 及更早版本中，如要减少源代码发布的大小，可启用属性对话框附加排除项页上的“删除已编译代码”。LabVIEW 2014 为管理已编译代码提供了以下更多选择：

（1）保留已编译代码——保留所有文件的已编译代码。

（2）保留各 VI 或库的文件设置——保留各文件保存的设置。

1.2.6 触摸面板功能的改进

1. 使用写过滤器 VI 保护数据不被更改

LabVIEW 2014 的高级文件 VI 和函数选板上包含了写过滤器 VI。写过滤器通过重定向写操作至其他位置或重叠，避免对其进行不必要的修改。请使用增强型写过滤器（EWF）保护卷，并将写操作重定向至其他卷的磁盘位置或 RAM。请使用基于文件的写过滤器（FBWF）保护卷中的文件和文件夹，并将写操作重定向至内存缓存。

LabVIEW 2014 中，当项目浏览器窗口中的项目是触摸面板应用程序项目时，可以使用写过滤器 VI。开发触摸面板应用程序需要 LabVIEW 应用程序生成器，该生成器已包含于 LabVIEW 专业版开发系统中。之前版本中，使用写过滤器 VI 需要安装 LabVIEW Touch Panel 模块。

2. 使用触摸面板项目模板和触摸面板 VI 模板

触摸面板项目模板用于帮助创建项目，该项目针对运行 Windows Embedded Standard 7 操作系统的触摸面板设备。项目模板中的 VI 模板可修改用于特定的触摸面板应用程序。选择“文件”→“创建项目”，浏览触摸面板项目模板。使用创建项目对话框配置项目设置，包括触摸面板终端和 VI 模板。关于如何修改项目的详细信息，请参考项目浏览器窗口中的 Project Documentation 文件夹。

还可添加触摸面板 VI 模板至现有触摸面板终端。LabVIEW 包含纵向和横向模板，其用户界面预设为触摸面板设备。模板包含了触摸面板应用程序中常用的控件。右键单击触摸面板终端并选择“新建 VI 模板”，可加载触摸面板 VI 至终端，出现选择模板对话框。选择要在终端使用的 VI 模板。

3. 使用触摸面板终端

LabVIEW 2014 支持开发、调试和部署 LabVIEW 应用程序至运行 Windows Embedded Standard 7 操作系统的触摸面板终端。在之前版本中开发、调试和部署触摸面板应用程序需要安装 LabVIEW Touch Panel 模块。在 LabVIEW 2014 中，可在主机上开发和调试触摸面板应用程序，并可从主机部署触摸面板应用程序至触摸面板终端。触摸面板终端的支持需要 LabVIEW 应用程序生成器，LabVIEW 专业版开发系统中含有该生成器。

练习与思考

1. 正确安装 LabVIEW 2014，并建立一个简单的 VI 程序。
2. 打开 LabVIEW 2014 的帮助文档，浏览相关信息。
3. 了解什么是虚拟仪器。
4. 登录 NI 公司的官方网站了解最新信息。
5. 收集更多的 LabVIEW 学习论坛和 QQ 群。

第 2 章 LabVIEW 编程环境

本章主要介绍 LabVIEW 2014 的编程环境。从创建第一个 VI 开始，逐步介绍 LabVIEW 的开发步骤和环境，熟悉功能菜单和工具条；初步掌握前面板的功能设计和程序框图的功能设计；熟悉和掌握 LabVIEW 的程序调试工具以及方法和步骤。

本章比较全面的介绍 LabVIEW 2014 的开发环境，让学习者尽快熟悉使用工具，能开发自己的简单 VI。

本章重点：

- LabVIEW 的开发环境；
- 创建一个自己的 VI；
- 前面板设计；
- 程序框图设计；
- 程序调试工具；
- 程序调试的方法和步骤。

2.1 LabVIEW 开发环境

2.1.1 创建自己的第一个 VI

正确安装 LabVIEW 2014 后，如图 2.1.1（a）所示，按照“开始”→“所有程序”→“National Instruments”→“LabVIEW 2014”→“LabVIEW 2014”，就能启动 LabVIEW 2014 开发环境，如图 2.1.1（b）所示。

在图 2.1.1（b）中，点击左半部的“创建项目”按钮，就会出现如图 2.1.2 所示的创建项目窗口。对于其他选项，初学者可以暂时可以不予考虑，直接选择“VI”，创建一个空白的 VI，如图 2.1.2，图 2.1.3 所示。

如图 2.1.3 所示，整个 VI 默认有三个窗口。从窗口标题栏可以知道，从下层到上层依次为程序框图、前面板和控件窗口，其中的控件窗口还包含非常丰富的子控件窗口，后面会逐步进行学习。作为程序开发的好习惯，应首先对 VI 进行保存。选择程序框图或前面板窗口顶端的菜单，单击“文件”→“保存”，使自己的 VI 保存到自己方便找到的地方。这里，我们首先把第一个 LabVIEW 程序保存为“test.vi”。

（a）启动 LabVIEW　　　　（b）LabVIEW 创建新项目

图 2.1.1　启动 LabVIEW 2014

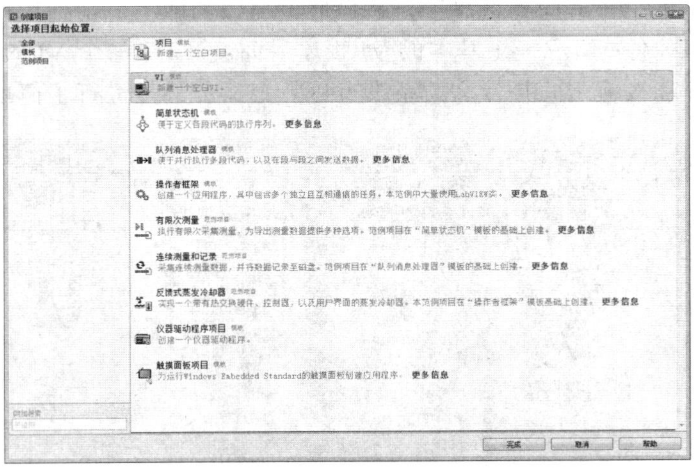

图 2.1.2　创建项目窗口

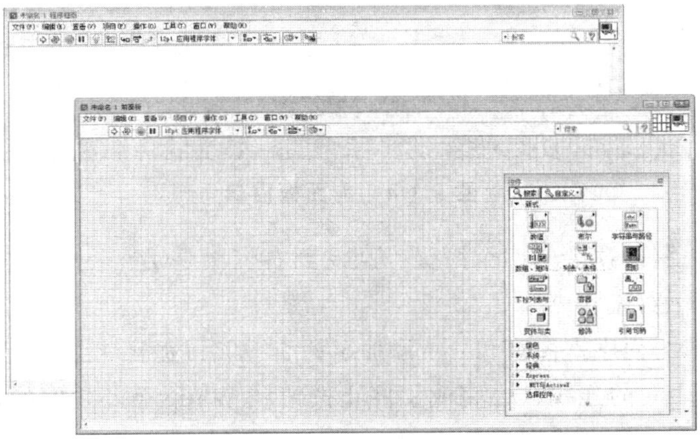

图 2.1.3　开发环境窗口

LabVIEW 程序分为前面板和程序框图两部分。前面板是用户接口，用于向程序中输入各种控制参数或显示操作结果，并以数字或图形等各种形式输出计算结果。前面板上可以添加按钮、拨盘、刻度条、液罐、温度计等，可以完全依据用户的需求进行设计。LabVIEW 程序使用图形语言，它的源代码就是一些图标和连线，称为图形代码；编辑和显示图形代码的窗口称为程序框图，程序框图主要是完成程序的控制逻辑或计算功能。

前面板和程序框图相互切换的方式有两种：第一种是使用菜单，单击“窗口”→“显示程序框图”或“显示前面板”；第二种是使用快捷方式，“Ctrl+E”。

2.1.2 开发环境介绍

LabVIEW 2014 为开发者提供了非常友好的操作界面，包含窗口顶端的菜单和工具栏，以及丰富的右键菜单功能，尤其是右键菜单，会根据右键点击的对象，带来便捷有效的具体操作。

如图 2.1.4 所示，在前面板窗口中，从控件窗口拖动两个滑动杆控件放到前面板上，另外再放一个按钮控件，组成一个基本的 VI 程序界面。但是，一个 VI 的核心是程序逻辑。现在，两个滑动杆和按钮之间是什么关系没有进行定义，只是进行了简单的布局。

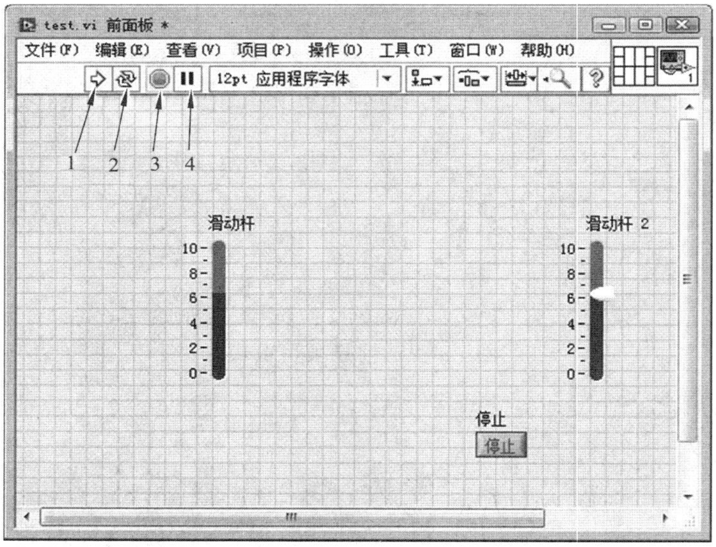

图 2.1.4 前面板窗口

在图 2.1.4 中，窗口顶端的四个箭头，从左到右依次是①——运行，②——连续运行，③——停止，④——暂停。

如图 2.1.5 所示的程序框图窗口中，添加了一个 While 循环来控制程序的运行，完成了滑动杆和滑动杆 2 之间的连线，也完成了停止按钮和 While 循环之间的连线。在进一步学习之前，需要首先熟悉几个基本概念。

1. 接线端

接线端是程序框图中传递数据的起点和终点。控件接线端用来为前面板上的对象与程序框图传递数据。不难想象，传统仪器面板上的每个元件在机箱内一定有一个它的接线端，用来与机箱内的元件相连接，才能实现它的功能。控件接线端就起这样的作用。图 2.1.5 中有四个接线端分别为①②③④。左边的滑动杆在右端有一个小的三角形①就是它的接线端，表示滑动杆在前面板上接收用户的数据操作，并把数据结果从该接线端输出给其他控件。滑动杆 2 的左端②有一个接线端，表示能接收其他数据，并在滑动杆 2 上显示出来。③表示停止按钮的输出接线端，④表示循环框架的接收接线端。

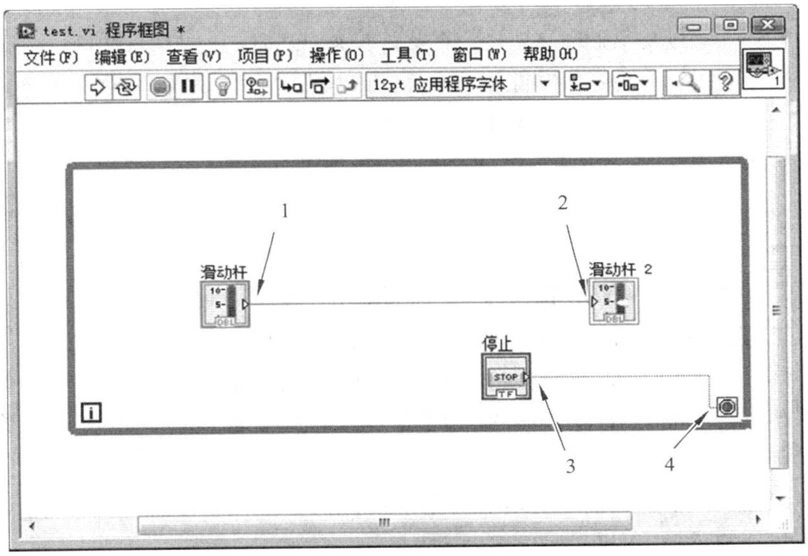

图 2.1.5　程序框图窗口

2. 节　点

节点是实现程序功能的基本单元。它具有输入和输出端，也可能只有输出端或只有输入端，在程序运行时完成一定的功能。在图 2.1.5 中，两个滑动杆节点分别对应前面板上的两个滑动杆，停止按钮节点也对应前面板上的停止按钮。但并不是程序框图中的每个节点都能在前面板上找到与之对应的控件，比如外层的循环节点在前面板上并没有与之对应的控件。滑动杆节点只有输出没有输入，滑动杆 2 节点只有输入没有输出。一般来说，前面板主要接收用户的操作输入和显示操作结果，而程序面板可能完成比较复杂的运算操作，需要使用大量运算操控节点。后面的章节将会对此做深入的讨论。

3. 连　线

在 LabVIEW 程序中，连线是程序框图中各个节点之间传递数据的通道。在图 2.1.5 中，滑动杆节点通过自己右侧的接线端将输出的数据连接到滑动杆 2 左侧的接线端，从而实现数据从左端的滑动杆传递到右端的滑动杆。一条线只能有一个数据来源，但是可以有多个数据流向。连线表示了数据流动的方向，正是这种数据流控制图形语言执行的顺序。程序框图中的每个对象无论所处的位置如何，只要它的接线端的数据到达，它就开始执行。

按照图 2.1.5 所示，完成节点的添加和连线，再使用运行功能，就能见到自己的第一个 VI 程序了。如果暂时不会操作，也不用着急，我们将在后面两节分别详细介绍前面板和程序面板的设计。

2.2 前面板设计

前面板是程序与用户交流的窗口，一个设计良好的前面板可以给用户一种友好的感觉，甚至是美的享受。前面板主要由控件构成，也可以包含一些装饰功能。

在这一节，我们将逐步详细介绍第一个 VI 的前面板设计。

2.2.1 控件类型

前面板控件有两种：一种是输入控件，是用来向程序中输入数据的；另外一种是显示控件，是程序向用户输出运行结果的。输入控件和显示控件的数据流方向正好相反。输入控件的接线端在边框右侧，而显示控件的接线端在左侧。输入控件和显示控件是可以相互转换的。转换方法是在控件上弹出右键快捷菜单，选择“转换为显示控件”或“转换为输入控件”。

在新建的 VI 中，右键单击“滑动杆 2”，选择右键菜单中的“转换为显示控件”，使滑动杆 2 转换为显示控件。

2.2.2 控件选项板

按照 2.1.1 的介绍创建一个空白 VI，切换到前面板窗口，在窗口中点击鼠标右键，将会出现如图 2.2.1 所示的界面。其中，右键弹出的窗口就是控件窗口，这里包含了绝大多数的控件。其中新式控件类型包含四行三列共十二种大类型的控件，学习者可以逐个查看一下，每个子控件面板分别具有什么控件。第一行从左到右依次为数值类型、布尔类型和字符串与路径。

在这里，我们继续用鼠标移动到“数值”标签上，系统将展开数值类型控件子面板，其中包含了二十一种常见的数值类型，包含数值输入控件、数值显示控件、垂直填充滑动杆等，以及一些表盘数值控件。我们先后选择两个垂直填充滑动杆放到前面板上。拖放控件时，需要在控件面板上按下鼠标左键不放选择自己需要的控件，再把控件拖动到前面板合适的位置，松开鼠标左键，即完成了控件的拖放。

拖放完两个垂直填充滑动杆控件后，我们继续拖放一个布尔控件按钮，即拖放一个停止按钮，如图 2.2.2 所示。

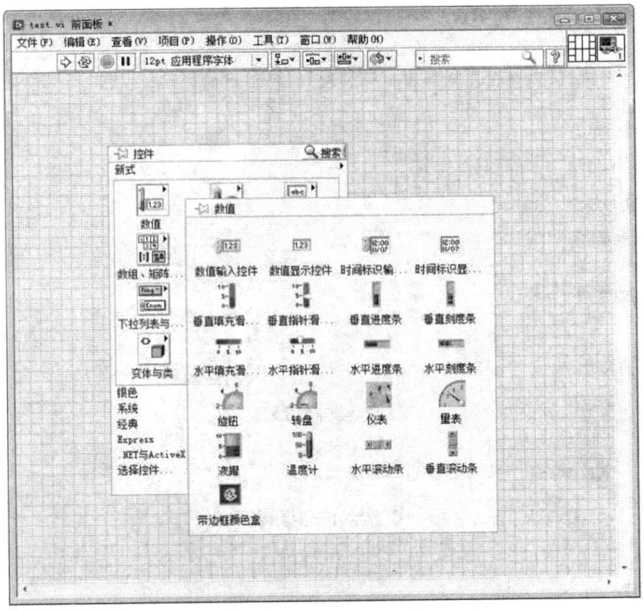

图 2.2.1 数值控件窗口

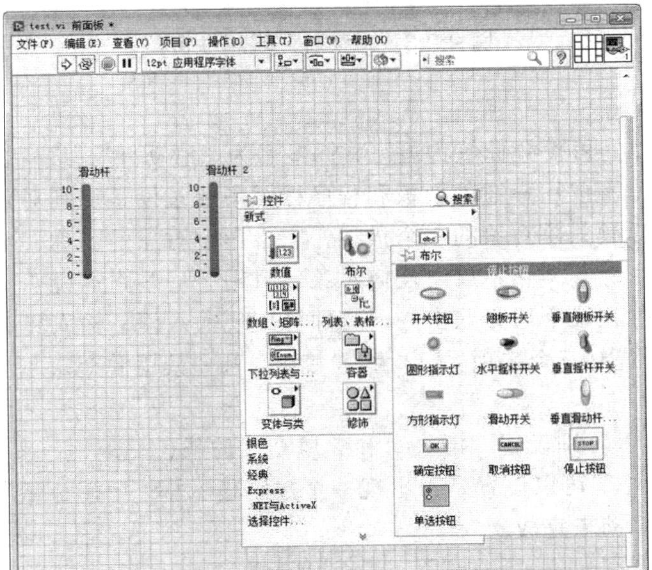

图 2.2.2 布尔控件窗口

2.2.3 控件属性设置

设计过程中会发现，LabVIEW 对控件的默认设置往往不能满足需求，需要个性化设置。右键单击前面板上的滑动杆控件，在右键菜单中选择“属性”，出现的属性对话框如图 2.2.3 所示，可以完成需要的设置。

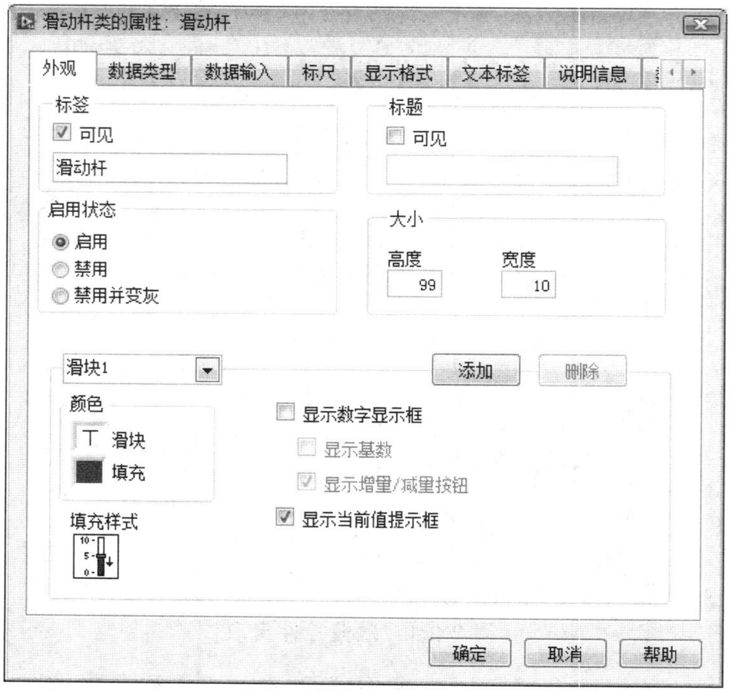

图 2.2.3 滑动杆外观属性窗口

1. 外观设置

在外观选项卡中，可设置标签为可见，标签名为“滑动杆”，设置标题为不可见。标签是一个对象的标识，不仅用户在前面板和程序框图中通过标签识别对象，程序中也是通过标签引用对象。而标题只是对象的一个描述，它不影响对象的名称，也不会出现在程序框图中。还有一种自由标签，它不属于任何对象，只用于一些附加说明。自由标签的设置非常方便，只需用鼠标在某个地方双击一下，即可出现输入框，输入相关内容即可。

“启用状态”设置有三个选项：“启用”“禁用”和“禁用并变灰”。这里选取默认设置，即“启用”。

“颜色”选项可以分别设置“滑块”和“填充”的颜色。

“显示数字显示框”可以设置是否出现一个数字显示框，用于显示滑块的当前值，其大小一般是通过鼠标拖动来完成。

2. 数据类型

在数据类型选项卡中，如图 2.2.4 所示。主要设置控件的数据范围，常见的选项有：EXT 扩展经度、DBL 双精度、SGL 单精度、I64 有符号整数、I32 有符号整数、I16 有符号整数、I8 有符号整数、U64 无符号整数、U32 无符号整数、U16 无符号整数、U8 无符号整数。不同的数据类型，决定了数据的大小、用途、运算等。

标尺属性窗口如图 2.2.5 所示。主要完成“标尺样式”和“刻度范围”两个内容的设置。标尺样式，主要是设置“主刻度颜色”“辅刻度颜色”和“标记文本颜色”；刻度范围，主要设置刻度的最小值和最大值。这里我们都采用默认值。

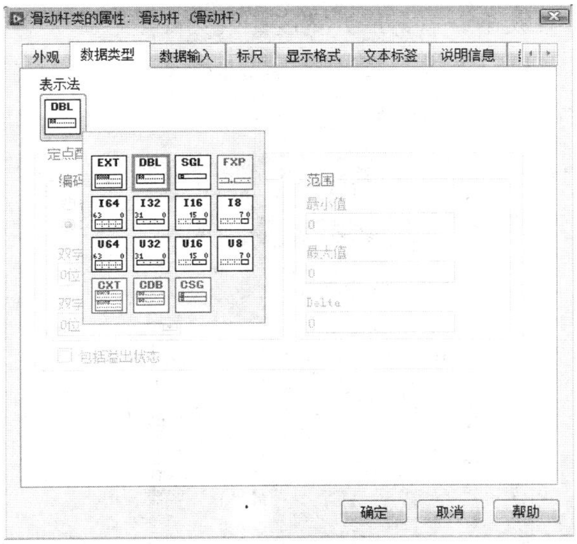

图 2.2.4　滑动杆数据类型属性窗口

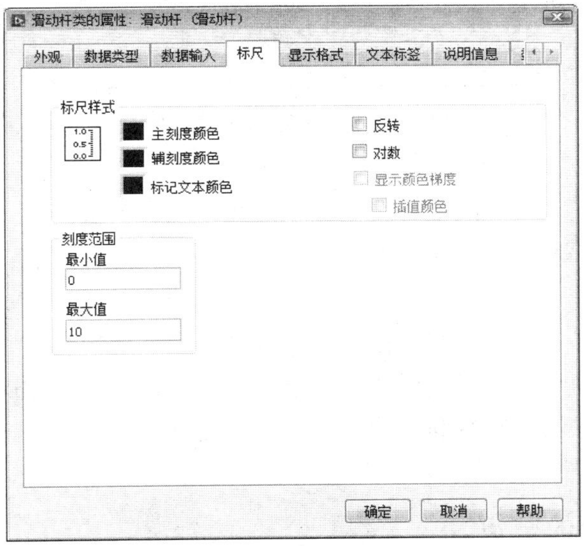

图 2.2.5　滑动杆标尺属性窗口

2.2.4　控件排列布局

对于单个控件的操作，可以通过选中控件后拖动边框来调整尺寸大小、位置，通过右键属性窗口来设置属性，但对于多个控件的操作有较大的不同。如图 2.2.6 所示，用鼠标左键框选中两个滑动杆，可以进行统一的操作。窗口顶端的四个标识，分别表示不同的整体操作。其中，①表示对齐操作，包含上边缘对齐、下边缘对齐、左边缘对齐、右边缘对齐、垂直中心对齐和水平居中六种对齐方式；②表示分布对象，包含上边缘、垂直中心、下边缘、垂直间距、垂直压缩、左边缘、水平居中、右边缘、水平间隔和水平压缩十种分布方式；③表示调整对象大小，包含最大宽度、最大高度、最大高度和宽度、最小宽度、最小高度、最小宽度和高度以及设置宽度和高度七种方式；④表示重新排序功能，包含组合、取消组合、锁定、解锁、向前移动和向后移动等。

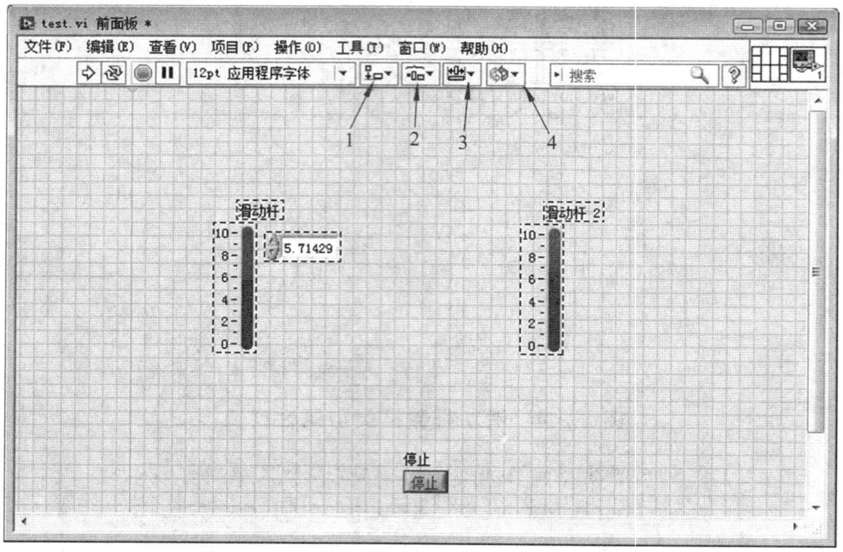

图 2.2.6　滑动杆标尺属性窗口

2.3　程序框图设计

程序框图是以图形表示的 LabVIEW 程序源代码，是实现程序功能的核心部分。本节介绍程序框图的构成和编辑图形代码的工具、方法及相关知识。LabVIEW 程序框图中的对象主要包含节点、接线端、常量和连线。

2.3.1　程序框图中的节点

1. 函　数

函数是完成 LabVIEW 程序功能最基本的成员，它相当于文本编程语言的操作符或语句，完成的功能相对简单，输入/输出接线端相对较少。

2. 子 VI

用于另一个 VI 中的 VI 称为子 VI，实际上就是供其他程序调用的子程序。

3. Express VI

Express VI 是一类特殊子 VI，可以通过对话框配置参数，执行常规的测试任务。Express VI 的默认图标形式为可扩展节点，蓝色背景。

4. 结　构

结构是控制代码执行的元素，LabVIEW 有 For 循环、While 循环、分支选择、顺序和事件等几种结构。

下面给新建的 VI 添加一个 While 循环，它可以使程序不断执行，直到满足一个设定的条件。首先，切换到程序框图，使用“Ctrl+E”或者“窗口”→“显示程序框图”，如图 2.3.1 所示。在图中，在“编程”→“结构”子选项板中找到 While 循环图标并单击，然后到程序框图中所有节点所占区域的左上角单击，按住鼠标左键拖动到所有节点所占区域的右下角，松开鼠标，程序框图如图 2.3.2 所示。

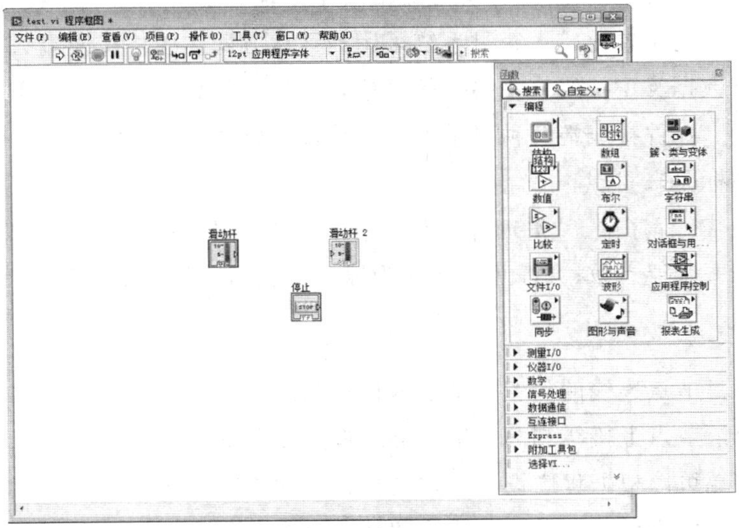

图 2.3.1　滑动杆标尺属性窗口

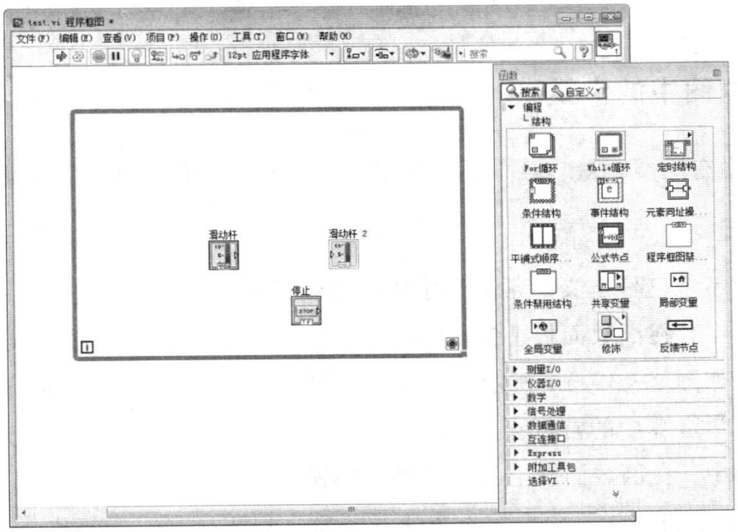

图 2.3.2　滑动杆标尺属性窗口

关于结构，在本书的后面章节将详细介绍。

2.3.2 程序框图中的接线端

LabVIEW 是一种数据流控制的程序，数据从一个接线端流向另一个接线端。LabVIEW 程序框图中有以下几类接线端。

1. 控件接线端

控件接线端有图标接线端和数据类型接线端两种显示形式。图标接线端用一个缩略图显示控件的形式，用边框的颜色表示控件的数据类型，并在下方用一个小方框中的文字进一步说明控件的数据类型。控件的图标接线端对于编程时了解接线端所代表的控件很方便，但是占据程序框图的位置比较大，是系统采用的默认方式。控件接线端另一种显示方式是数据类型形式。数据类型接线端用整体的颜色表示控件的数据类型，并用文字进一步说明控件的数据类型。控件接线端两种显示方式的转换可以通过控件接线端右键菜单选中或不选中"显示为图标"来实现。

在刚创建的 VI 程序中，"滑动杆"和"滑动杆 2"都显示为图标形式，图标颜色都为橙色，表示这是一个浮点数；"停止"按钮为绿色，表示这是一个布尔类型的数据。

2. 节点接线端

节点接线端是节点连线的位置，即数据传递的终点。

为了便于分清节点上接线端的位置，可以将函数和子 VI 节点图标显示为接线端形式。有些节点的接线端可以根据程序设计要求调整，增加或减少接线端数量的方法和缩放控件大小的方法类似，即用鼠标拖动图标边缘即可。也有一些节点可以在已有接线端上弹出右键菜单，选择"增加输入""删除输入""增加输出""删除输出"等命令来完成对应功能。

2.3.3 程序框图中的常量

LabVIEW 中有两类常量，第一类为通用常量，第二类为用户定义常量。

1. 通用常量

通用常量为系统已经定义的常量，主要包含数据类型和字符类型等。

在程序框图中，在函数面板上依次选择"编程"→"数值"→"数学与科学常量"，最后出现子面板，如图 2.3.3（a）所示。科学常量包含 Pi（π）的相关常量，e 的相关常量，以及其他一些科学运算中的常量。

在程序框图中，在函数面板上依次选择"编程"→"字符串"，最后出现子面板，如图 2.3.3（b）所示。字符常量，包含字符串常量、空字符串常量、空格常量、制表符常量、换行符常量、行结束常量等。

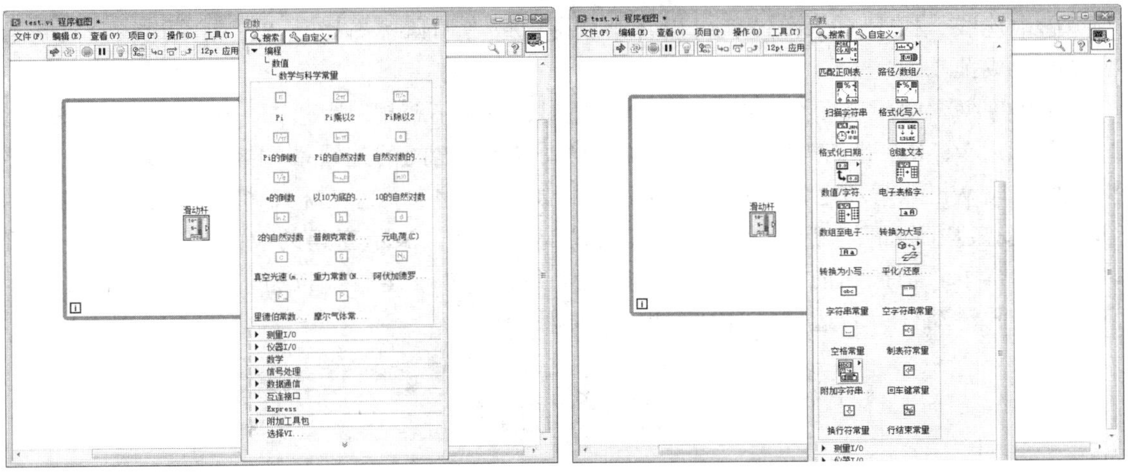

（a）数学与科学常量　　　　　　　　（b）字符常量

图 2.3.3　滑动杆标尺属性窗口

2. 用户定义常量

LabVIEW 函数选项板中有各种常用数据类型的常量，用户可以在编写程序时为它赋值。例如，数值常量位于数值子选项板，它的默认值是 32 位整型数 0，用户可以给它赋予任意类型的数值，程序运行时就保持这个值。也可以把某个控件的当前值转换为常量，方法是切换到程序框图中，在需要转换的控件上右键单击，在弹出的菜单中选择“转换为常量”命令，也可以从 VI 前面板，甚至其他 VI 前面板拖动或复制一个控件到程序框图，产生一个用户定义的常量。

2.3.4　程序框图中的连线

连线是编写 LabVIEW 程序的一项重要工作。本节将全面介绍连线的知识和技巧。

1. 线　型

LabVIEW 用连线的形状与连线的颜色表示不同的数据类型。例如，橙色代表浮点数，绿色代表布尔量，粉红色代表字符串，蓝色代表整型数等；细线代表单个数据，点线代表布尔量，粗线代表数组，双线代表二维数组，网格线代表簇等。

2. 手工连线

连线工具经过一个接线端时，鼠标形状变为一个线框模样，接线端将闪烁以提示操作者单击，将线连接到这里。在接线端之间移动连线工具时不必按下鼠标。连线可以直接弯折多次，当需要弯折时，在弯折处单击即可。连线操作需要多加练习，熟能生巧。

需要移动或删除连线时，需要先选中连线。选中方法是，用鼠标左键点选或按下鼠标左键框选。点选时，单击一下选中一个线段，连击两下选中两个接线点之间的连线，连击三下选中相连的所有线段。

选中连线，按下 Delete 键就可以将其删除，或者用鼠标右键菜单“删除连线分支”选项也能完成此功能。

在程序框图中用鼠标拖动连线到其他位置时，只要不跨越节点边框，连线一般不会断开。

在新建 VI 中，我们把“滑动杆”和“滑动杆 1”之间的连线端用连线连接好，把“停止”按钮与 While 循环之间的接线端连接好，如图 2.3.4 所示。这样，窗口左上端工具栏的“运行”按钮从“断裂”形状变成了“光滑箭头”形状，表示新建的 VI 程序连线正确，可以正常运行了。切换到前面板程序，点击左上角的箭头“运行”按钮，将出现运行界面，滑动左端的滑动杆，右边的滑动杆就出现同样的值。

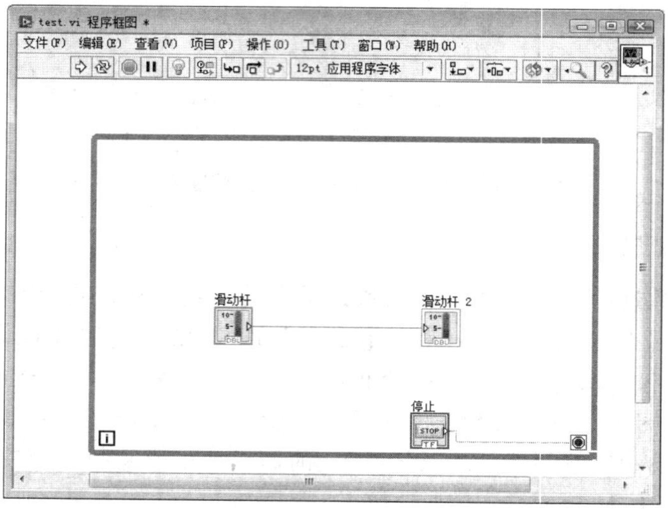

图 2.3.4　滑动杆标尺属性窗口

3. 自动连线路径选择

自动连线路径选择功能帮助我们更合理的布置连线的路径。选择窗口菜单“工具”→“选项”命令，打开“选项”窗口，在左侧“类别”列表中选择“程序框图”选项打开程序框图设置界面，在连线页选中或不选中“启用自动连线路径选择”来切换自动连线路径选择功能的打开与关闭。也可以在连线开始时按下 A 键进行切换。对于手动连线的线也可以在线上弹出右键菜单，选择“整理连线”命令重新进行自动布置。

4. 自动连线

LabVIEW 可以自动为放进程序框图的对象连线。当移动一个对象接近其他对象时，会出现一段临时连线，当它放进程序框图后，两个对象就连接起来。LabVIEW 会找到它认为数据类型最匹配的接线端进行连线。

默认设置下运行自动连线。选择窗口菜单“工具”→“选项”命令，打开“选项”窗口，在左侧“类别”列表中选择“程序框图”选项打开程序框图设置界面，在连线页选中或不选中“启用自动连线路径选择”来切换自动连线路径选择功能的打开与关闭。也可以在移动对象互相接近时按下空格键切换自动连线功能。

自动连线的另一个方法是让 LabVIEW 自动产生控件或常数。在接线端上弹出右键菜单，选择“创建常量/创建输入控件/创建显示控件”命令，将产生一个常量、输入控件或显示控件。这样产生的对象数据类型肯定是正确的，而且可以自动连线。如果选择了不正确的数据流方法，将不会连线。

5. 错误连线

LabVIEW 中的连线，代表了数据的真实流向。如果连接不当，将会出现错误连线。黑色虚线表示错误连线，错误连线中间还会出现一个红色“×”号。把鼠标移动到“×”号上方，可以出现错误原因提示框。当程序框图中有错误连线时，运行按钮是断开的箭头，程序将无法运行。

显示出错原因有以下方法：

（1）单击运行按钮，弹出错误列表对话框显示出错提示；在对话框上单击“帮助”按钮，出现出错详细说明和修改建议。

（2）在错误连线上右击，在弹出的右键菜单中选择“列出错误”命令，会弹出错误列表对话框。

（3）将连线工具移动到错误连线上，会显示简单的出错说明和修改意见。

（4）打开“即时帮助”窗口，将连线工具移动到错误连线上，在窗口中会出现简单的出错说明。单击“？”图标会出现错误的详细说明和修改建议。

造成错误连线的原因有很多，常见的有数据类型不匹配、数据流向冲突、多余数据源、线尾松散、缺少数据源等。

选择窗口菜单“编辑”→“删除断线”命令，或按下“Ctrl+B”组合键可以删除所有的错误连线。

消除错误连线的根本方法是，对程序中的数据类型、数据操作和数据流向在逻辑上有严密的掌控。

6. 整理程序框图

整理程序框图功能能够自动完成下列任务：重新整理排列程序框图中的任一输入控件及显示控件，重新布线或拉直连线和设置程序框图中目标的间距即紧凑度。

可以通过三种方式调用整理程序框图工具：

（1）在程序框图工具栏上单击“整理所选部分”命令。

（2）使用窗口菜单“编辑”→“整理所选部分”命令。

（3）使用程序框图优化快捷键“Ctrl+U”。

2.3.5　程序框图设计原则

为了提高程序设计效率，保证程序设计的质量，便于程序的维护，在设计程序框图时应遵循一些一般性原则。

（1）虽然决定程序执行顺序的是连线与结构，而不是对象在程序框图中的位置，但是为了程序结构清晰，便于理解，应该使用从左到右、从上到下的顺序排列程序的节点。

（2）尽量避免程序框图扩展到屏幕显示范围以外。太大、太复杂的程序框图会带来程序调试的困难。

（3）如果程序中某些部分能在其他程序中重用，或某些部分能划分为一个逻辑上的单元，就创建一个子 VI。

（4）整齐、清晰地排列连线，以免造成读程序的困难。避免在节点图标底下连线，以免线段被图标隐藏，或被误认为是函数的连线。

（5）按住 Ctrl 键用选择工具在程序框图中画出一块面积，可以解决部分程序框图过于拥挤的问题。

（6）为了节省程序框图空间，不必为函数和子 VI 显示标签，因为在即时帮助窗口中可以看到它们的名称。但是常数有必要显示标签。

（7）为了增加程序的可读性，可以使用自有标签为程序框图增加必要的注释。例如，程序的功能、算法、结构的主要功能等；也可以为比较长的或来自移位寄存器的连线加上自带标签说明该连线的用途。

2.4 函数选项板

程序框图中的节点都在函数选项板中。LabVIEW 编程的第一个重点是熟悉编程环境，而其中的重中之重就是掌握函数选项板中的功能。标准形式的“函数”选项板将程序框图中的节点按类别划分为若干个子选项板，每个子选项板在顶层选项板上都显示为一个文本条目，最上面的“编程”子选项板展开为图标形式，如图 2.4.1 所示。单击每个条目左侧的黑三角按钮可以将这个子选项板展开为图标形式；展开为图标形式以后，单击子选项板左上角的黑三角按钮可以将其折叠为一个文本条目。

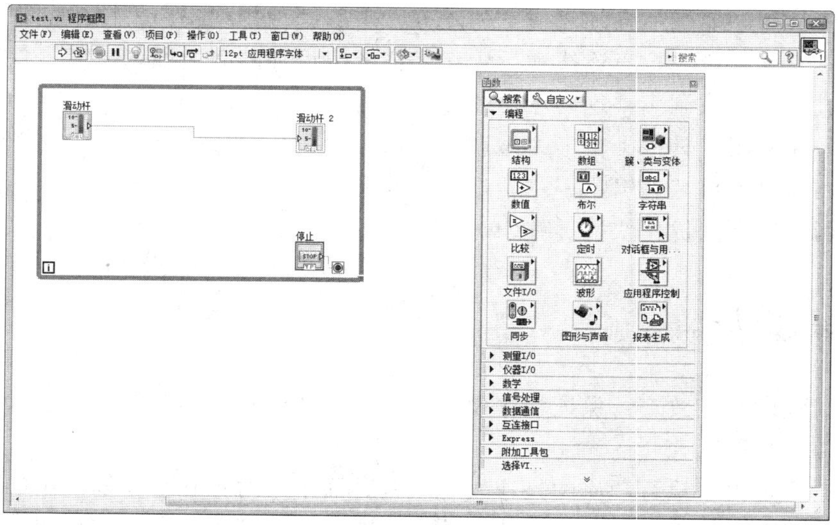

图 2.4.1 滑动杆标尺属性窗口

函数选项板中包含编程、测量 I/O、仪器 I/O、数学、信号处理、数据通信、互连接口、Express、附加工具包和选择 VI。

2.4.1 编程选项板

“编程”选项板包含开发 LabVIEW 通用程序的大部分节点，这些节点又按类别划分为若干下级子选项板。单击图标就能展开该选项板，展开后再单击“编程”，就会返回编程子选项板。“编程”选项板包含十五种子选项板。

1. 结构选项板

结构选项板包含编程最常用的结构控制节点。For 循环、While 循环、定时结构、条件结构、事件结构、元素同址操作结构、平铺和层叠两种顺序结构、条件结构、程序框图禁用结构、公式节点、反馈节点、全局变量和局部变量等。

2. 数　组

数组选项板包括数组的各种操作函数、操作矩阵的各种函数、数组外框、数组与簇的转换函数、数组与矩阵的转换函数等。

3. 簇、类与变体

该选项板包括操作簇的各种函数、簇外框、簇与数组的转换函数、变体与数据的转换函数、LabVIEW 类函数、变体属性操作 VI 等。

4. 数　值

数值选项板包括算术运算、数值类型转换函数、三角函数、复数函数、数值常数、数据操作函数、与信号调理有关的量值转换 VI 等。

5. 文件 I/O

该选项板包括各种格式文件读/写操作函数和 VI，对文件及路径进行操作的各种函数和 VI。

6. 布　尔

该选项板包括逻辑运算符、布尔型常量、布尔量与数值的转换函数等。

7. 字符串

该选项板包括对字符串的各种操作函数，字符串与数值、数组与路径的转换函数、字符串常量和创建文本 VI 等。

8. 比　较

该选项板包括各种比较运算符、选择函数、极值函数、强制范围转换函数、用于比较运算的 VI 等。

9. 定　时

该选项板包括计时、时间控制、提取系统时间的函数和 VI。

10. 对话框和用户界面

该选项板包括对话框、错误信息、菜单、光标、帮助等与开发用户界面有关的函数和 VI。

11. 波　形

该选项板包括波形操作的函数和 VI。

12. 应用程序控制

该选项板包括打开与关闭应用程序和 VI 的应用、属性节点、调用节点、程序的停止与退出等应用程序控制函数，面向对象编程的函数，针对底层 CPU 和内存操作的函数。

13. 同　步

该选项板包括通知、队列、信号量、结合点、事件等与程序同步有关的函数和 VI。

14. 图形和声音

该选项板包括三维图形、图片和声音的函数。

15. 报表生成

该选项板包括生成应用程序报表的函数，报表可以使用数字、文本、图像等形式，可以包括前面板、程序框图和说明等内容，可以存储、打印和网络发布。

2.4.2 其他重要选项板

LabVIE 提供的丰富的选项板，带来了强大的功能选择。每一个子选项板都专注于某一方面的功能，需要学习者尽快熟悉并掌握。

1. 测量 I/O

该选项板包括使用 DAQmx 方法进行数据采集的子选项板等所有涉及 NI 公司硬件设置与调用的 VI。

2. 仪器 I/O

该选项板包括仪器驱动程序、GPIB 仪器通信、串口仪器通信、VISA 仪器通信等子选项板和仪器输入/输出助手 Express VI。

3. 数　学

该选项板包括微积分、概率统计、线性代数、拟合、多项式和几何等各种各样的数学分析 VI，是取得精确测试结果必备工具。

4. 信号处理

该选项板包括开发测试系统所必需的几乎所有常规信号处理 VI，包括信号生成、信号运算、波形文件操作、数字滤波、窗函数、频谱分析、卷积、相关、数学变换等，是 LabVIEW 最重要的工具之一。

5. 数据通信

该选项板包括使用各种变量的程序内部通信和使用各种协议的网络通信两类数据传输 VI。

6. 互连接口

该选项板包括库函数调用、代码接口、执行系统命令、使用.NET 和 ActiveX 技术与其他 Windows 应用程序链接、输入设备控制、I/O 端口操作等各种与外部软硬件资源协调的 VI。

7. 用户库

由用户把 VI 放在"\National Instruments\LabVIEW 2014\user.lib"目录中时，此 VI 将出现在这个子选项板中。

8. 选择 VI

单击这个图标，弹出一个文件对话框，从 Windows 文件系统中选择需要打开的 VI。关于子 VI 的设计和调用，后面章节将详细介绍。

2.5 程序调试

一个能够运行的程序不一定能够输出正确的结果，这就需要对程序进行调试。调试过程就是发现程序中的错误和缺陷并加以纠正的过程。

2.5.1 工具条中的程序调试工具

如图 2.5.1 所示为 LabVIEW 工具条中与调试有关的工具：

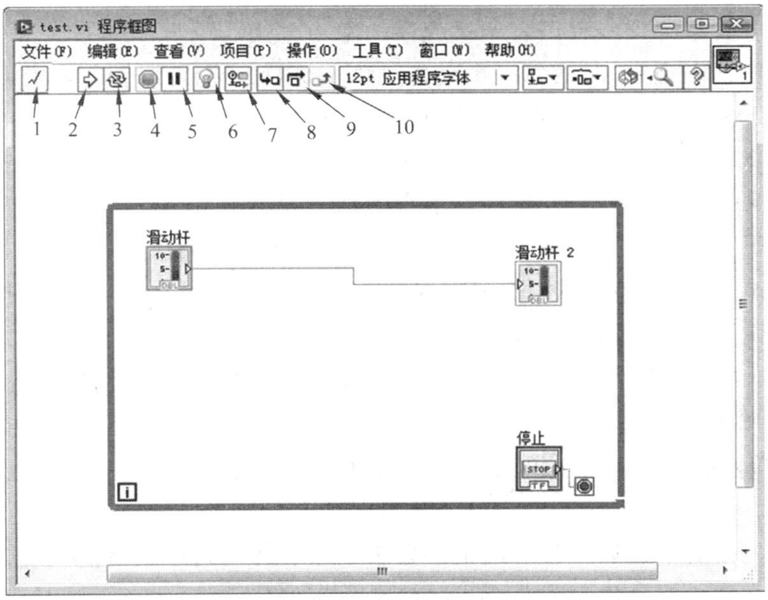

图 2.5.1　调试工具栏窗口

① 警告列表：打开错误列表窗口，其中列出了警告信息。一个 VI 如果只包含警告而没有错误，那么它可以运行但是存在潜在的隐患。

② 运行：程序运行一次。

③ 连续运行：程序反复运行，直到再次单击此按钮使程序进入单次运行状态或单击终止执行按钮。

④ 中止执行：程序立即中断。这种停止程序的方法会给系统带来一定的危害，因为程序最后一般会释放分配的资源，但是单击中止执行按钮等于没执行完程序，所以资源一直被占用，影响再次分配或其他程序的使用。因此，正确可行的做法是，在程序中设置停止按钮。

⑤ 暂停：此按钮按下后会变为红色，程序暂时停止执行，并将停止时正在执行的节点高亮度显示。再次单击此按钮，程序将恢复执行。

⑥ 高亮显示执行过程：单击此按钮后，灯泡图标将变为发出光线的图形，程序运行中用气泡显示数据沿着连线从一个节点流向另一个节点的情况，用探针显示每个节点流出的数据值。高亮显示执行过程会显著降低程序执行速度。再次单击高亮显示执行过程按钮，将恢复正常运行模式。

⑦ 保存连线值：此按钮如果按下，LabVIEW 会保存各节点流出数据，以便程序停止运行后用探针查看。

⑧ 开始单步执行：单击此按钮进入单步执行模式。进入单步执行模式后，当鼠标移过时会出现“单步步入 x”或“单步步过 x”的提示框，“x”是指单击此按钮将要执行的节点名。

⑨ 开始单步执行：也可由此开始单步执行。进入单步执行模式后，当鼠标移过时会出现“单步步过 x”的提示框，“x”是单击此按钮将要执行的节点名。

⑩ 单步步出：停止执行当前节点。进入单步执行模式后变为“完成 x”，“x”是正在执行的节点名。

单步执行方式是许多编程语言调试程序的常用方法。单步步过一个 VI 时，可以在程序运行中从程序框图观察 VI 的每一个动作。单步执行需要以下步骤：

（1）单击工具条的开始单步执行按钮。

（2）单击以下按钮之一：

单步步入 x：到达节点 x 并暂停，节点闪烁，表示准备执行。再次单击这个按钮执行此节点并到达下一个节点。如果节点是子 VI 并且在子 VI 属性设置的“执行”选项卡中设置了“允许调试”，则单步进入时会打开子 VI 程序框图，在子 VI 中单步执行；如果没有设置“允许调试”，则跨过此子 VI。

单步步过 x：这个按钮和上一个按钮的效果只有一点不同，就是当单击上一个按钮进入子 VI 或结构时，单击这个按钮跨过子 VI 或结构，而不是进入子 VI 或结构。

完成 x：单步执行状态中在这个按钮上单击弹出菜单，可以在不同层次上结束执行当前节点并暂停。

单步执行完所有节点后，程序结束前处于暂停状态，闪烁的边框围绕整个程序框图，此时需要单击“完成”按钮结束整个程序的单步执行。

2.5.2　断点调试

断点，可以用来使程序在执行过程中在某一位置暂停，以便观察中间结果。

1. 设置断点

设置断点的方法是，从工具选项板中选择“设置/清除断点”工具，在程序框图中在需要设置断点的对象上单击一下；也可以用右键弹出菜单，设置断点。

当程序执行到断点时将暂停并打开程序框图，此时，工具条上的暂停按钮变红。

断点可以设置在函数上，设置断点以后，函数图标出现一个红色边框；断点也可以设置在连线上，设置断点以后，连线上出现一个红色圆点，程序将在数据流过设置断点的连线后停在下一节点上；断点还可以设置在结构上。调试结束后，可以使用“设置/清除断点”工具清除断点。

2. 断点管理器

选择窗口菜单“查看”→“断点管理器”命令，可以打开“断点管理器”窗口，管理程序中设置的所有断点，如图 2.5.2 所示的断点管理器窗口。

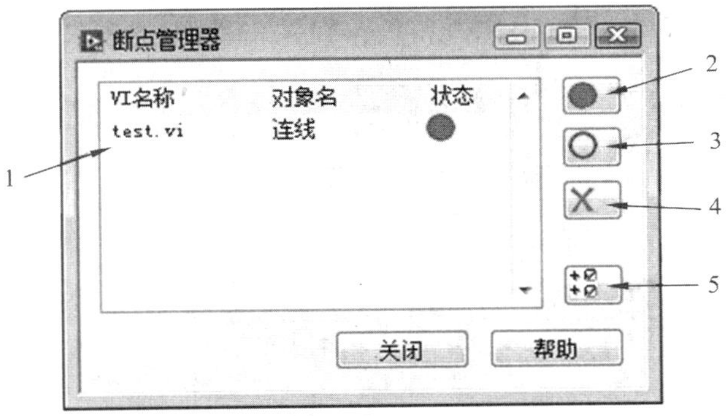

图 2.5.2　调试工具栏窗口

窗口包括以下几部分：

① 断点列表：显示内存中 VI 的所有断点。

② 启用：选定某一断点后，启用该选定的断点。

③ 禁用：禁用所选定的断点。

④ 清除：删除 VI 上选定的断点。

⑤ 选择全部：选择列出的断点。

程序执行过程中停在断点以后可以采取以下处理方法：

（1）单击工具条上的暂停按钮继续执行程序。

（2）使用开始单步执行按钮进入单步执行状态。

（3）用探针工具观察中间值。

（4）改变前面板控件值。

2.5.3 探针调试

探针有通用探针、内置探针、使用控件和自定义指针几种。探针的作用是在程序执行时显示流过某一连线的数据值等信息，甚至可以根据数据值做出一定的响应。探针结合高亮度执行、单步执行和断点等工具成为调试程序很有效的调试工具。

1. 探针设置

通用探针放置在连线上有两种方法：

（1）从“工具”选项板中取出探针工具，放到连线上。

（2）在连线上右击，在弹出的快捷菜单中选择“探针”命令。

以上两种方法都可以建立探针。探针号显示探针的序号，探针窗口显示连线流过的数据值和数据源标签。无论前面板还是程序框图激活，探针窗口都浮动在最上面。

使用其他探针的方法是在连线上弹出的快捷菜单中选择“自定义探针”命令，在下一级子菜单中选择以下几种探针：

（1）带条件双精度探针。这种探针可以显示有关通过连线的数据的更多信息，还可以对数据做出某些响应。自定义探针菜单如图 2.5.3 所示，最上面一项就是创建带条件双精度探针选项，这个选项名称和随之创建的探针都与连线数据类型匹配。图中创建的探针窗口中，“数据”选项卡显示数据值和其他相关信息，“条件”选项卡设置对数据的响应方式。

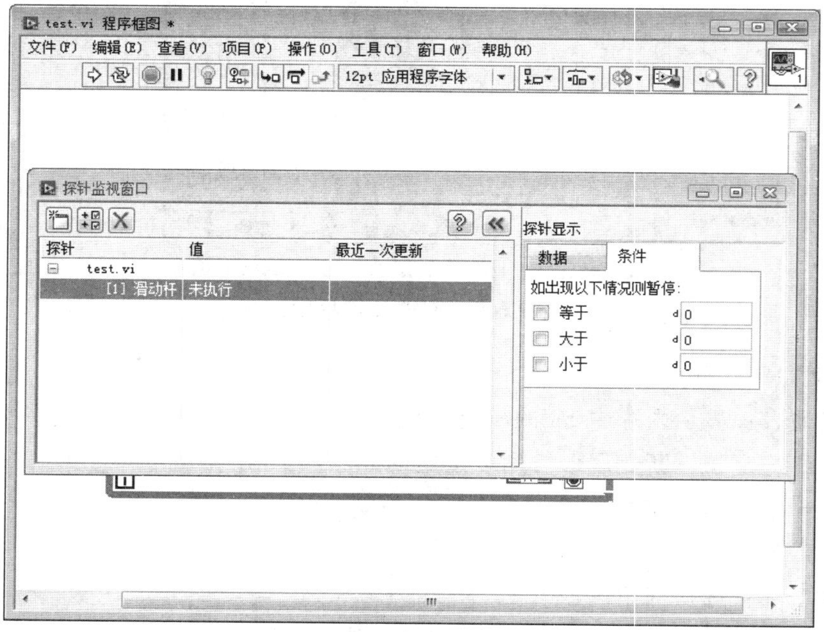

图 2.5.3 探针监视窗口

（2）通用探针。

（3）控件：打开控件模板，选择一个数据类型匹配的控件放在探针窗口中。

（4）新建：打开一个向导，创建定制的探针，并保存为一个文件。

2. 探针监视窗口

选择窗口菜单“查看”→“探针监视窗口”命令可以打开监视窗口，管理程序中设置的所有探针。另外，右键单击连线，在弹出的右键菜单中选择“探针”或使用探针工具，可显示该窗口，如图 2.5.4 所示。

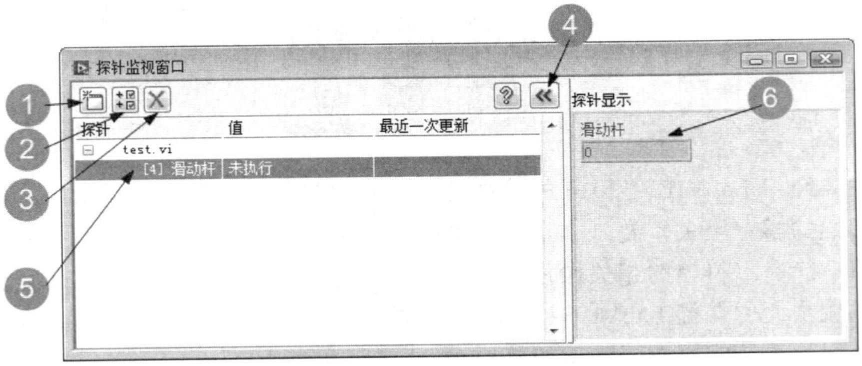

图 2.5.4　探针监视窗口

可使用探针监视窗口管理探针，该窗口包括以下部分：

① 在新窗口中打开：选择要查看的探针，在独立的探针窗口中打开选定的探针。

② 选定全部探针：在探针监视窗口中高亮显示 VI 和探针。

③ 删除所选探针：删除所选探针。也可以选定 VI，单击此按钮，删除 VI 和探针监视窗口中对应的探针。

④ 显示探针/隐藏探针：扩展和缩进探针查看窗口右侧的探针显示，显示选定的探针。

⑤ 探针列表：显示内存中所有 VI 的探针。列表中的探针按照创建时间和所属 VI 进行排序。

- 探针：在目录树中显示和创建探针。树的根是包含探针的 VI。
- 值：显示最后流经探针连线的值。默认值为“未执行”。
- 最近一次更新：在时间标识符中显示最后流经连线的数据。

⑥ 探针显示：显示流经探针连线的数据。选择探针列中的探针可显示最后流经探针的数据。

练习与思考

1. 熟悉 LabVIEW 2014 的开发环境。
2. 熟悉前面板控件的种类。
3. 设置前面板控件的属性。
4. 熟悉程序框图的节点和接线端。
5. 掌握函数选项板的节点。
6. 掌握程序调试的方法和步骤，尤其是断点和探针的使用。

第3章 LabVIEW 数据类型

本章主要介绍 LabVIEW 2014 的数据类型。数据是程序操作的基本对象，深入理解数据，对于后继的学习至关重要。本章从基本的数据类型入手，讲解相关的操作。然后依次介绍了数组、簇和字符串的相关操作。

本章比较全面的介绍 LabVIEW 2014 的数据类型及其相关操作，学习者应尽量以实际例子进行学习，熟练掌握数据类型的使用。

本章重点：

- 基本数据类型；
- 基本数据类型的操作；
- 数组；
- 数组的使用；
- 簇的定义使用；
- 簇的操作函数。

3.1 基本数据类型

数据类型决定数据的存储空间大小与操作方式。程序框图中每个接线端对数据类型都有一定的要求。

3.1.1 数值型

数值型是所有程序开发语言的基本数据类型，LabVIEW 也不例外。LabVIEW 的数值型数据非常丰富，主要包含整型和浮点型。

整型数包含有符号数和无符号数。其中，8 位整型数 I8，16 位整型数 I16，32 位整型数 I32，64 位整型数 I64 为有符号数；8 位无符号整型数 U8，16 位无符号整型数 U16，32 位无符号整型数 U32，64 位无符号整型数 U64 为无符号数。整型数的连线颜色均为蓝色。

浮点数包含单精度浮点数、双精度浮点数和扩展精度浮点数，浮点数的连线颜色均为橙色。

数值型数据随着精度和取值范围的不断扩大，占用的内存也不断增大。因此，一般在设计程序时，在满足取值范围的前提下，尽可能的选用比较小的数据类型。当变量的取值范围不能确定时，可以取较大的数据类型以保证程序的安全性。

在新建的 VI 前面板窗口中，由右键单击滑动杆，在弹出菜单中选择“属性”项，将出现如图 3.1.1 所示的数据类型选择对话框。图中控件的数据类型可以设置为 12 种数据类型。

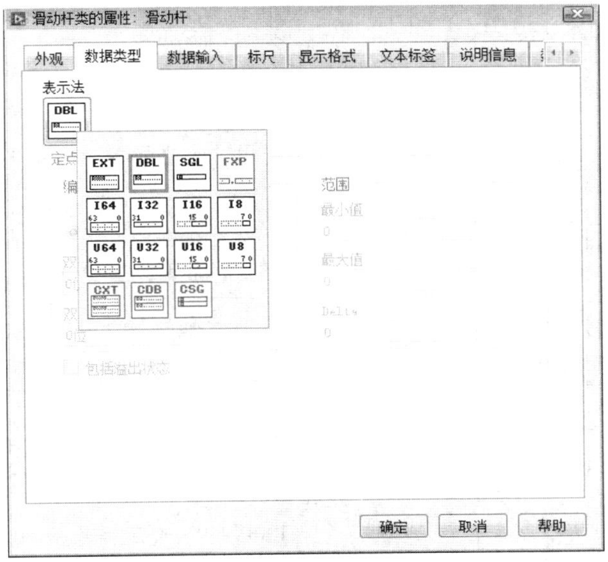

图 3.1.1 数据类型选择窗口

在新建的 VI 程序框图窗口中，右键单击空白处，将弹出函数对话，单击其中的“编程”→“数值”将出现如图 3.1.2 所示的数值类型操作对话框。图中，具有大量的数值类型操作节点，比如加、减、乘、除、商与余数、平方根、平方、倒数等。

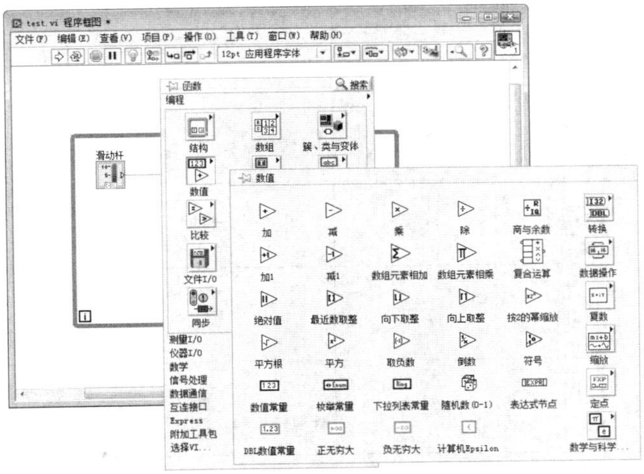

图 3.1.2 数值类型操作窗口

数值类型的认识和理解，需要在更多的实际 VI 中逐步深入加强。

3.1.2 其他数据类型

LabVIEW 提供了丰富的数据类型以供开发者使用，如表 3.1.1 所示。

表 3.1.1 常见数据类型

数据类型	接线端图标	图标颜色	简要说明
布尔量	布尔	绿色	存储为 8 位数值(一个字节)，数值 0 表示 False，其余数值代表 True
字符串	字符串	粉红	存储为一个指针，指向的结构包括一个数值和一个数组。数组每个元素表示一个字符，数值表示数组长度
时间标识	12:00:01 11/07/01 时间标识常量	棕色	存储为一个簇，前两个整数用 64 位表示秒的整数部分，后两个整数用 64 位表示秒的小数部分
枚举	Enum 系统枚举	蓝色	列出所有的可选值，它的数字表达式是无符号整数
路径	Path 文件路径输...	浅绿	使用标准的 Windows 语法，可以使用相对路径和绝对路径。存储为路径类型、路径元素数目和路径元素
应用句柄	引用句柄	浅绿	LabVIEW 进行操作的对象，如文件、设备等
数组	数组	随成员变	图标的方括号内包含数组元素的类型，图标的颜色随元素的数据类型变化
簇	簇常量	棕或粉红	包含多个不同数据类型的元素，如果元素是数值，颜色就是棕色；否则为粉红色
波形	波形	棕色	簇，元素包括 t0 和数据
数字波形	数字波形图	深绿	簇，元素包括 t0 和数字数据
数字数据	123 数值	深绿	用表格形式显示数字信号
输入/输出名	I/O	紫色	表示与输入/输出设备有关的名称
变体	变体	紫色	可以容纳各种不同的数据类型；存储控件名称、数据类型和数据本身
动态	123 Express数值	蓝色	用于 Express VI 的数据类型

每一种数据类型都有自己独特的操作方法和步骤，也有特定的使用范围。

3.1.3　基本数据操作例子

为了充分展示数据类型的操作，我们在这里设计一个简单的例子，保存为 Timer。该 VI 实现的功能是每隔一秒获取一个 10 以内的随机数，显示在滑动杆和数值框里面，单击“停止”按钮则程序结束。

前面板设计如图 3.1.3 所示，前面板共计三个控件。①为数值显示控件，创建路径为前面板右键菜单→“控件”→“新式”→“数值”→“数值显示控件”。②为滑动杆，创建路径为前面板右键菜单→“控件”→“新式”→“数值”→“垂直填充滑动杆”。③为停止按钮，创建路径为前面板右键菜单→“控件”→“新式”→“布尔”→“停止按钮”。

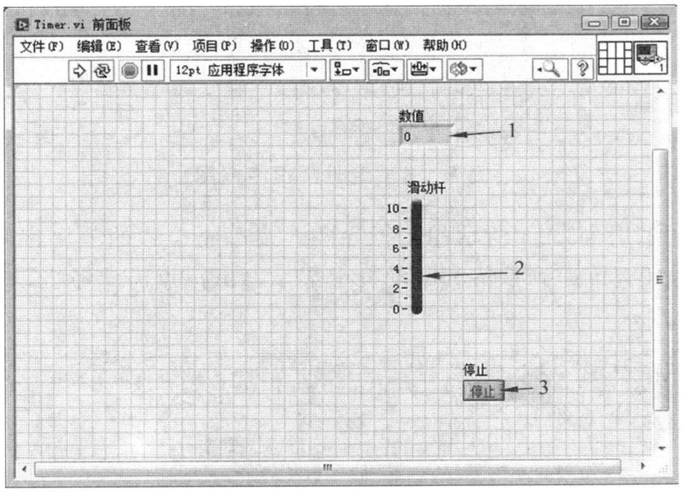

图 3.1.3　定时器前面板

程序框图设计如图 3.1.4 所示，程序框图除了前面板上三个控件对应的节点外，另外还有六个节点。①为 While 循环结构体，创建路径为程序框图右键菜单→“函数”→“编程”→“结构”→“While 循环”，“停止“按钮右侧的接线端应与 While 循环右下角的结束接线端相连。②为产生 0 到 1 的随机数节点，创建路径为程序框图右键菜单→“函数”→“编程”→“数值”→“随机数（0-1）”，该节点位于“数值“子选项板的第 5 行第 4 列。③⑤为常数节点，创建路径为程序框图右键菜单→“函数”→“编程”→“数值”→“数值常量”，该节点位于“数值”子选项板的第 5 行第 1 列，在方框里面输入自己需要的数值即可，整数时边框为蓝色，浮点数时边框为橙色。④为乘法运算节点，创建路径为程序框图右键菜单→“函数”→“编程”→“数值”→“乘”，该节点位于“数值”子选项板的第 1 行第 3 列。同时，把②③右侧的接线端与④左侧的接线端相连，把④节点右侧的接线端连接到数值控件和滑动杆控件左侧的接线端上，也就完成了随机数乘以 10 后输出到数值和滑动杆的功能。⑥为等待下一个整数倍毫秒节点，创建路径为程序框图右键菜单→“函数”→“编程”→“定时”→“等待下一个整数倍毫秒”，该节点位于“定时”子选项板的第 1 行第 4 列。同时，常量节点⑤右侧的接线端与节点⑥左侧的接线端连线，就能完成每 1 秒显示一个随机数。

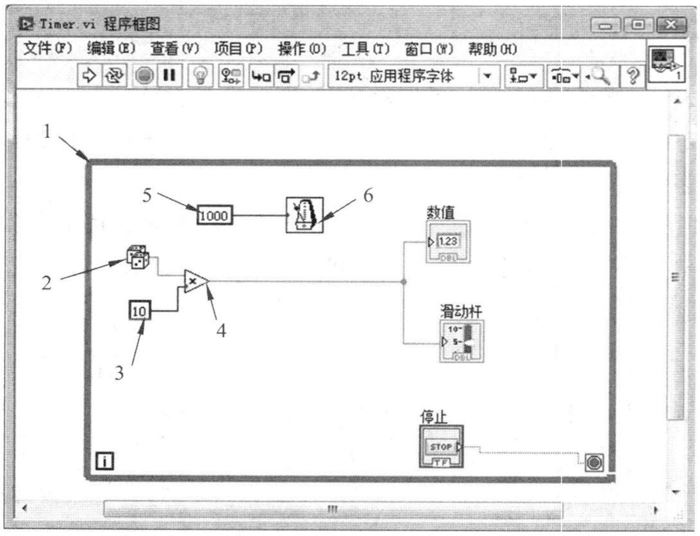

图 3.1.4　定时器程序框图

运行程序，得到如图 3.1.5 所示的运行界面。按每隔 1 秒的频率，采集一个 0 到 1 的随机数，然后乘以 10，传递到数值和滑动杆上显示。鼠标点击“停止”按钮，则可以停止数据采集并显示。

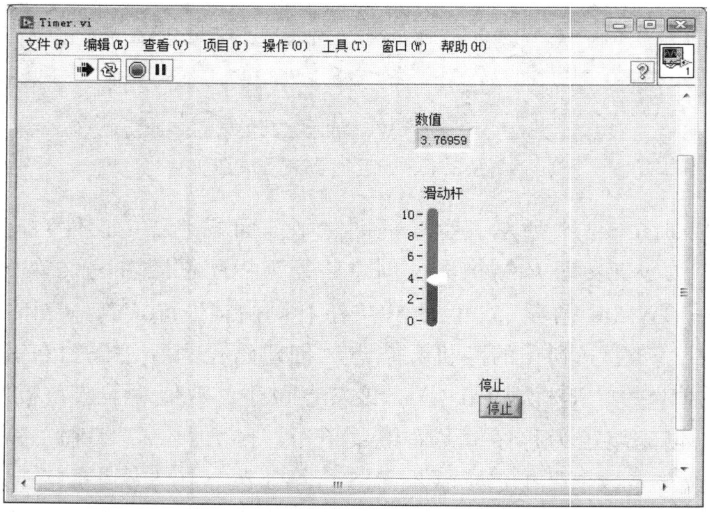

图 3.1.5　定时器程序框图

3.2 数组类型

3.2.1 数组的概念

数组将相同类型的数据元素组合在一起，这些元素可以同是数值型、布尔型、字符型或路径、波形等各种类型，也可以是簇，但不能是数组。这些元素必须同时都是输入控件或显示控件。当程序中需要对相同数据类型的一些数据反复进行同样操作时，适合于使用数组。

数组可以是一维的，也可以是多维的。每一维可以多达 $2^{31}-1$ 个元素（约 21 亿）。一维数组是一行或一列数据，可以描绘平面上的一条曲线；二维数组由若干行和列数据组成，可以在一个平面上描绘多条曲线；三维数组可以组成一个立体空间。

对数组元素的访问是通过数组索引进行的，索引值的范围是 $0 \sim n-1$，n 是数组元素的数目。每一个数组元素有一个唯一的索引值，数组索引值从 0 开始。

3.2.2 创建数组

数组的创建，分为两种情况，第一种情况是在前面板上创建数组控件，第二种情况是在程序框图中创建数组。

1. 前面板上创建数组控件

在前面板上创建数组的步骤如图 3.2.1 所示。首先，在前面板上，右键弹出控件选项板，点击“新式”→“数组、矩阵与簇”→“数组”，选择第 1 行第 1 列的数组外框放到前面板上，然后根据需要的数据类型选择一个控件放在数组外框内。可以直接从控件选项板中选择控件放进数组外框内，也可以把前面板上已有的控件拖进数组外框内。数组外框中放入数组元素后，它就自动缩放到适合容纳数组元素的大小。这个数组的数据类型以及它是输入控件还是显示控件完全取决于放入的控件。

如图 3.2.1 所示，数组外框中放了一个数值型输入控件，因此这是一个数值型一维数组输入控件。标签和索引框是数组控件默认的显示项，可选的显示项有标题和滚动条。二维数组可以显示垂直滚动条。

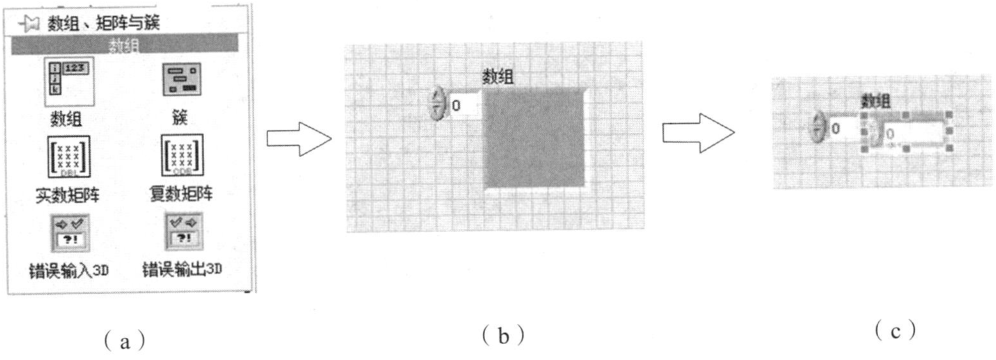

（a）　　（b）　　（c）

图 3.2.1　创建控件数组

当鼠标移动到数组控件上时，将会出现如图 3.2.1（c）所示的深蓝色方形手柄。光标移动到某个手柄上，它的形状为变为双向箭头。用鼠标拖动箭头会带动手柄对数组进行各种调整。在图 3.2.2（a）中，横向拖动索引框左侧中间的手柄，可以改变索引框的大小。

上下拖动下面中间的手柄，可以增减索引框数量从而改变数组的维度。顶点上的手柄则可以起到以上的两种作用。在索引框上弹出快捷菜单，然后选择“添加维度”或“删除维度”命令，也可以改变数组的维度。

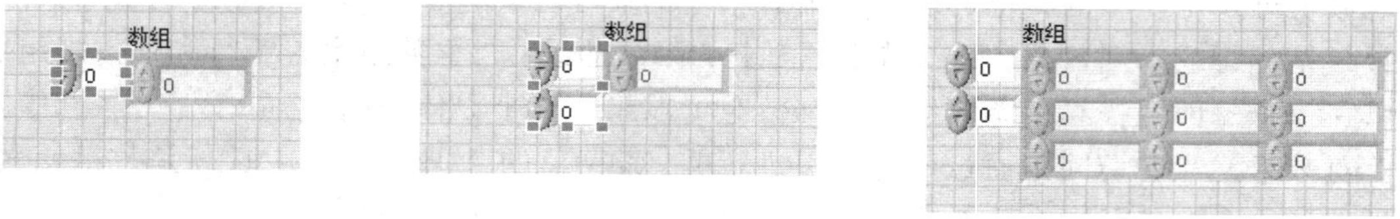

（a）　（b）　（c）

图 3.2.2　维度和数量控制

图 3.2.2（b）所示是把一维数组改变为二维数组，图 3.2.2（c）所示是把二维数组元素数量改变为三行三列。

2. 在程序框图中创建数组

在程序框图中创建数组最常用的方法类似于在前面板创建数组。先从程序框图右键弹出的“函数”选项窗口中选择“编程”→“数组”→“数组常量”，该图标位于第 5 行第 1 列，放到程序框图中，然后根据需要选择一个数据常量放到数组外框中，如图 3.2.3 所示。

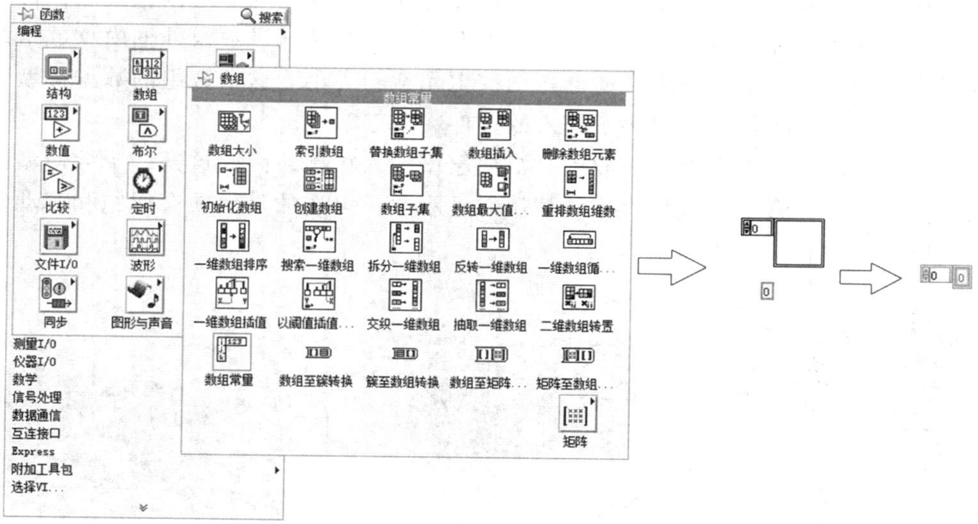

图 3.2.3　程序框图创建数组

3. 其他创建数组的方法

其他创建数组的方法如下：

（1）用数组函数创建数组。

（2）某些 VI 的输出参数是数组。

（3）用程序结构产生数组。

这些方法将在后面的章节进行介绍，一般的 While 循环和 For 循环可以产生数组。

3.2.3 数组函数

数组函数是对数组进行操作的主要工具，如图 3.2.3 所示的数组函数选项板中共有 25 个数组函数和一个矩阵子选项板。这里按从左到右、从上到下的顺序逐一说明它们的用法。

1. 数组大小

数组大小本质上就是求数组的元素个数。一位数组的操作结果是一个数字，多维数组的操作结果是一个一维数组，分别表示每一维的个数。

2. 索引数组

索引数组函数本质上是从数组中提取数据。连接到一维数组时，只有一个“索引”输入接线端，给整个接线端连接一个索引值，“元素”参数就输出该索引值对应的数据。连接到二维数组时，它的索引接线端自动变为两个，上面一个是“索引（行）”，下面一个是“索引（列）”。列索引默认为禁用，所以接线端形状是空心的。如果给这个接线端连接一个索引值，接线端形状将自动变为实心的。连接完成后，哪一个索引值不连线就自动成为空心的禁用状态。行或列有一项不索引，那么从二维数组就只能索引出数组，相应的输出参数也变为“子数组”。索引数组允许多次索引，也就可以有多组“索引”输入参数和“子数组”或“元素”输出参数。

3. 替换数组子集函数

替换数组子集函数与索引数组函数在为数组元素定位的方法上是完全一致的，但是它不是要索引出定位后的元素，而是用另外的数据替换。替换后的数组与原来的数组大小和数据类型是完全一致的。

4. 数组插入函数

数组插入函数与替换数组子集函数极其相似，差别只在于它为数组元素定位后不是替换它，而是在这个位置插入新的元素，输出的数组当然比原数组大；并且数组插入函数的索引参数只能连接行索引或列索引。

5. 删除数组元素函数

删除数组元素函数用于删除数组中的某些元素，它的外形以及定位数组元素的方式与数组插入函数很相似。在它的“数组”输入参数下方是“长度”参数，即删除长度。整个参数如果不连接，默认值是“1”。如果数组参数输入是一个二维数组，那么“被删除部分”参数输出的是一个一维数组。删除数组长度函数的“索引”参数也只能连接行索引或列索引中的一个。可以利用删除数组元素函数来实现数组元素的分离。

6. 初始化数组函数和创建数组函数

初始化数组函数可以建立一个所有元素全部相同的数组。它刚放进程序框图时只有一个“维数大小”参数，像其他许多函数一样，可以用定位工具或弹出菜单的方法增加输入参数接线端。

相比之下，创建数组函数的功能就丰富多了。可以使用单个数值建成只有一个元素的数组，用这种方法还可以将一维数组建成只有一行的二维数组。另外，创建数组函数如果连接了两个以上维数相同的数组，在它的右键弹出菜单中就有一个“连接输入”命令。选择该命令，两个一维数组就连接成一个更长的一维数组。如果创建数组函数的输入是一个一维数组和一些单个元素，“连接输入”选项是默认选中并且不能修改的，所有元素自动追加到数组后面。以上功能可以推广到二维数组与二维数组连接，以及二维数组与一维数组连接的情况。

7. 数组子集函数

数组子集函数从一个数组中提取出维数与它相等或比它少的一个数组。它连接一个输入数组以后，输入接线端对数就自动与输入数组维数相适应。每对接线端的上一个参数是定位提取子数组位置的索引值，下一个参数是提取子数组的长度。

8. 数组最大值和最小值函数

数组最大值与最小值函数从一个数组中找到最大值和最小值，以及它们的位置索引值。如果有多个相同的极值，就给出最前面的一个索引值。

9. 一维数组操作函数

一维数组是最常见的数组，所以专门提供了大量的操作函数。

（1）一维数组排序函数，这个函数能将一维数组元素按升序排序。

（2）搜索一维数组，这个函数在一维数组中由“开始索引”参数指定的位置开始搜索“元素”参数指定的元素。找到了则返回它的索引值，找不到则返回-1。

（3）拆分一维数组，这个函数将一维数组由“索引”参数指定的位置开始分离为两个子数组。

（4）反转一维数组，这个函数将一维数组所有元素顺序首尾颠倒。

（5）一维数组循环移位，这个函数根据输入的移位系数 n 重新排列一维数组元素。

10. 二维数组转置函数

二维数组转置函数把输入的二维数组各行变为各列。这是一个很简单但是在图形显示、数据采集中很有用的函数。

3.3 簇类型

3.3.1 簇的概念

簇（cluster），把若干不同数据类型的元素组合在一起，类似于 C 语言中的结构体和 Pascal 语言中的记录。可以把簇想象成一束通信电缆，电缆中每一根线就是簇中一个不同的元素。

使用簇可以为编程带来以下便利：

（1）把程序框图中不同位置、不同类型的多个数据捆绑在一起，减少连线的混乱。

（2）子程序有多个不同数据类型的参数输入/输出时，把它们捆绑成一个簇可以减少连线版上接线端的数量。

（3）某些控件和函数必须使用簇这种类型的参数。

簇的元素可以是任意的数据类型，但是必须同时是输入控件或显示控件。如果后放进簇的元素与先放进簇的元素数据流方向不一致，它会自动按先放进的元素转换。

簇的元素有一种逻辑上的顺序，这是由它们放进簇的先后顺序决定的，与它们在簇中摆放的位置无关。前面的元素被删除时，后面的元素会递补。改变簇元素逻辑顺序的方法是在簇边框弹出的右键快捷菜单中，选择“重新排序簇中控件”命令弹出一个对话框，为簇元素设置新的逻辑顺序。

3.3.2 创建簇

簇的创建方法与创建数组的方法非常相似。

1. 在前面板上创建簇

在前面板上创建数组的步骤如图 3.3.1 所示。首先，在前面板上，右键弹出控件选项板，单击“新式”→“数组、矩阵与簇”→“簇”，该图标位于第 1 行第 2 列，选择簇外框放到前面板上，然后根据需要的数据类型选择一个控件放在簇外框内。可以直接从控件选项板中选择控件放进簇外框内，也可以把前面板上已有的控件拖进簇外框内。

如图 3.3.1 所示，簇外框中放了一个字符串显示控件和一个数值型显示控件，因此，这是一个字符串与一个数值型构成的簇显示控件，作为簇成员的字符串显示控件和数值显示控件组成了一个簇的整体。当然，也可以对簇进行重新编辑，移除或添加成员。

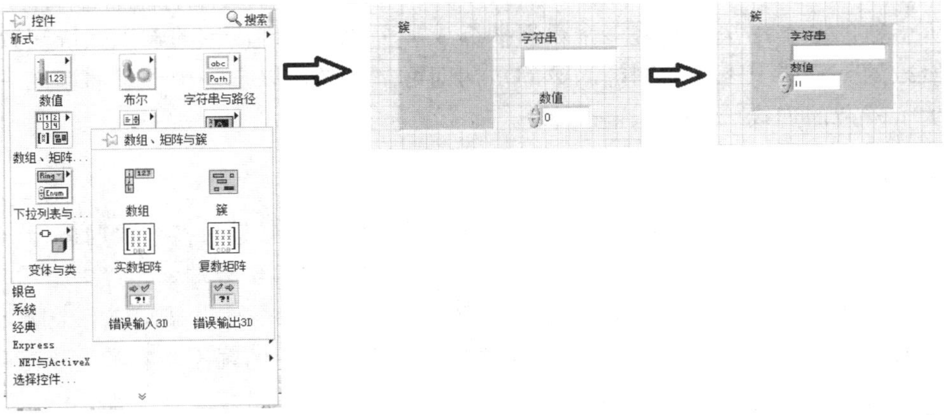

图 3.3.1 前面板上创建簇

2. 在程序框图中创建簇

在程序框图中创建簇最常用的方法类似于在前面板创建簇。先从程序框图右键弹出的

“函数”选项窗口中选择“编程”→“簇、类与变体”→“簇常量”放到程序框图中，该图标位于第 2 行第 1 列，然后根据需要选择一个数据常量放到簇外框中，如图 3.3.2 所示。这里，放入了一个字符串常量和数值常量。作为一个整体，可以与前面板设计的显示簇相连。

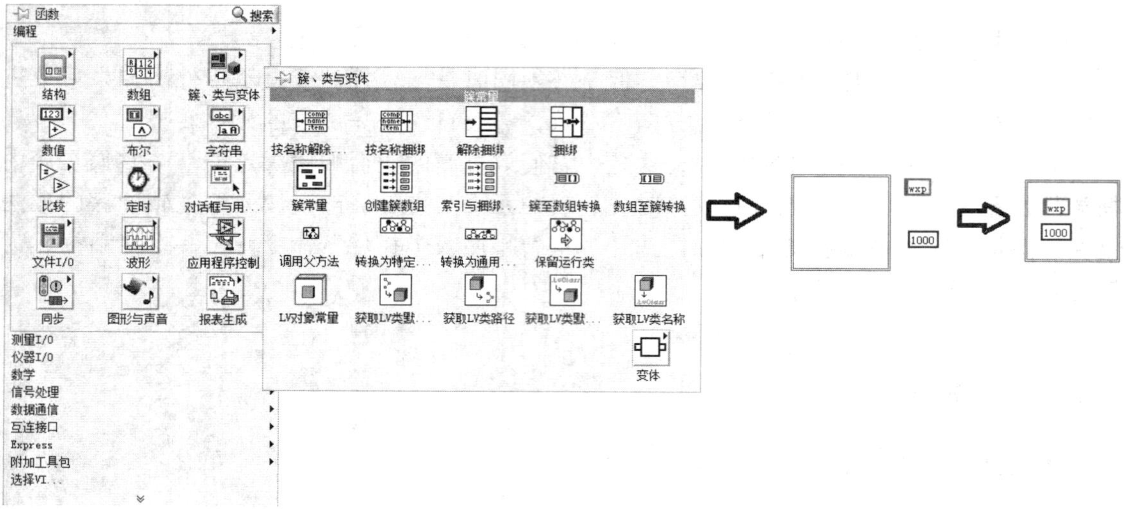

图 3.3.2　程序框图创建簇

3.3.3　簇函数

簇的操作包含几对相关联的函数，如图 3.3.2 所示的“簇、类与变体”子选项板中，有捆绑函数与解除捆绑函数，按名捆绑和按名解除捆绑函数，创建簇数组和索引与捆绑簇数组等。

1. 捆绑函数

捆绑函数的基本用法就是将多个数据捆绑成一个簇，捆绑函数的输入接线端数量是可以任意增减的，只要上下拖动捆绑函数的手柄即可。这样可以把多个数据捆绑成一个簇整体，减少了复杂的连线。

2. 解除捆绑函数

解除捆绑函数是捆绑函数的逆过程，可以把原本捆绑在一起的多个数据进行分解。解除捆绑函数刚放进程序框图时，有一个输入接线端和两个输出接线端。连接一个输入簇后，接线端数量自动增减到与簇的元素一致，而且不能再改变。每个输出端对应一个簇元素，接线端上显示这个元素的数据类型。各个簇元素在接线端上出现的顺序与它的逻辑顺序一致。

3. 按名称捆绑函数

按名称捆绑函数只能按照簇中元素的名称替换簇中的元素。这个函数放进程序框图中时只有一个输入接线端，当它的“簇”参数上连接了一个簇时，输入接线端就出现这个簇逻辑上第一个元素的名称。希望替换哪个元素就在接线端上弹出右键快捷菜单，然后选择那个元素，并连接一个类型匹配的数据。

4. 按名称解除捆绑函数

按名称解除捆绑函数按指定的元素名称从簇中提取元素。这个函数刚放进程序框图中时只有一个输出接线端，当它的输入接线端连接到一个簇时，这个输出接线端就显示出簇中逻辑上第一个元素的名称，即它的标签。LabVIEW 的前面板控件一般都有一个默认的名称，但是许多常量没有默认的名称。如果簇中的元素没有名称，它就不会出现在输出接线端中，这时就要在它的标签中为它输入名称。按名称解除捆绑函数的输出接线端可以任意缩放，它允许多次解析同一个元素。选择哪一个接线端提取出某一个元素的方法是在接线端上弹出右键菜单，选择“选择项”命令。

5. 创建簇数组函数

创建簇数组函数只要求输入数据类型完全一致，无论它们是什么数据类型，一律转换成簇，然后连成一个数组。

3.3.4　簇操作实例

这里，设计一个小 VI，充分展示簇的操作。

前面板设计如图 3.3.3 所示。前面板设计包含三个控件，①为数值型滑动杆，创建路径为前面板右键菜单→“控件”→“新式”→“数值”→“垂直填充滑动杆”，位于第 2 行第 1 列，数字调整到 5 左右。②为波形图表，创建路径为前面板右键菜单→“控件”→“新式”→“图形”→“波形图表”，位于第 1 行第 1 列。③为布尔型停止按钮，创建路径为前面板右键菜单→“控件”→“新式”→“布尔”→“停止按钮”，位于第 4 行第 3 列。

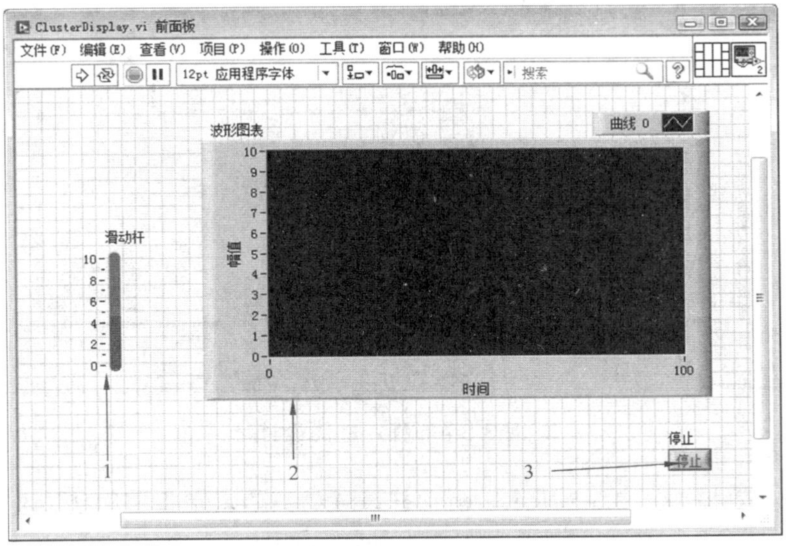

图 3.3.3　前面板设计

程序框图设计如图 3.3.4 所示。程序框图设计包含 9 个控件，最外层为 While 循环结构体，创建路径为程序框图右键菜单→“函数”→“编程”→“结构”→“While 循环”，“停止”⑧按钮右侧的接线端应与 While 循环右下角的结束接线端相连。⑤⑦⑧分别对应前面板上的滑动杆控件、波形图表控件和停止按钮控件。②④为数值型常数，创建路径为程序框图右键窗口→“函数”→“编程”→“数值”→“数值常量”，位于第 5 行第 1 列，修改成需要的数值即可。③为等待下一个整数倍毫秒节点，创建路径为程序框图右键菜单→“函数”→“编程”→“定时”→“等待下一个整数倍毫秒”，该节点位于“定时”子选项板的第 1 行第 4 列。同时，常量节点②右侧的接线端与节点③左侧的接线端连线，就能完成每 0.5 秒显示一个随机数。①为产生 0 ~ 1 随机数的节点，创建路径为程序框图右键窗口→“函数”→“编程”→“数值”→“随机数（0-1）”，位于第 5 行第 4 列。⑨为乘法运算节点，创建路径为程序框图右键窗口→“函数”→“编程”→“数值”→“乘”，位于第 1 行第 3 列。这时，可以把①④右侧的接线端分别与⑨左侧的接线端相连。⑥为绑定操作节点，创建路径为程序框图右键窗口→“函数”→“编程”→“簇、类与变体”→“捆绑”，位于第 1 行第 4 列。然后把⑤和⑨的右侧接线端与⑥的左侧接线端相连。这样，节点⑥就把两个数值类型的值捆绑在一起，然后就可以同时在波形图表上显示出来。

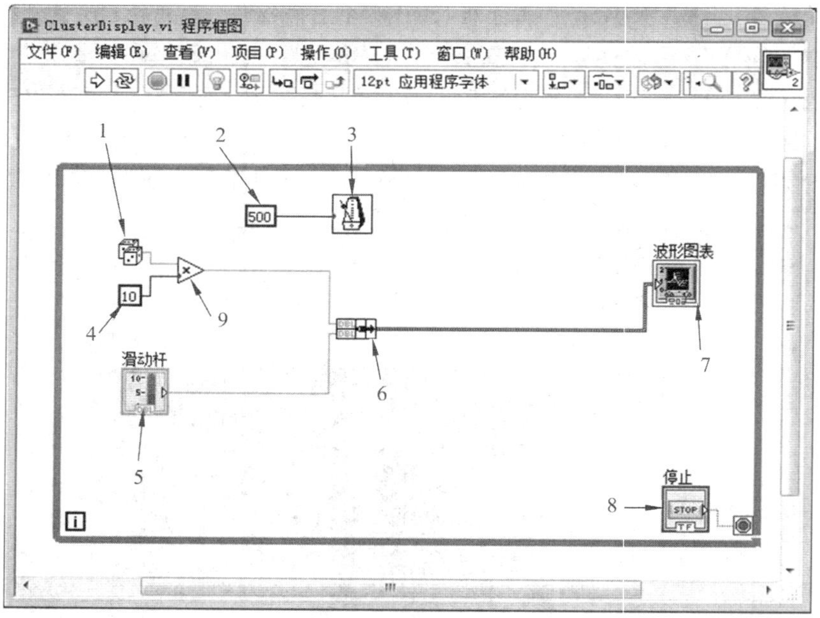

图 3.3.4　程序框图设计

运行程序，效果如图 3.3.5 所示。滑动杆设置的数值就是报警阈值，它能对产生的随机数进行报警处理。当然，开发者可以对其修改，完成更复杂的功能。

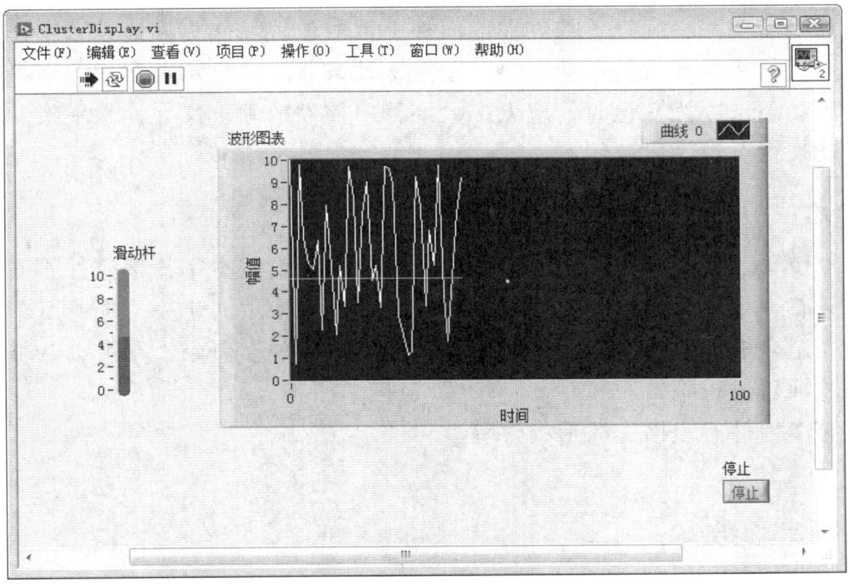

图 3.3.5　程序框图创建簇

3.4　字符串类型

3.4.1　字符串的概念

字符串从本质上是一系列可显示或不可显示的 ASCII 码字符的集合，不可显示的字符可能是换行符、制表位、控制字符等。程序中通常在以下情况下用到字符串：

（1）传递信息。创建简单的文本信息或对话框提示。在这种情况下，也可以在中文操作系统中使用汉字。

（2）存储数据。数值型数据作为 ASCII 文件存盘时，必须先转换为字符串。

（3）仪器通信。把数值型的数据作为字符串传输给仪器，然后再将字符串转换为数字。

3.4.2　字符串控件

前面板有些控件虽然可以输入字符串，但是它的数据类型实际上并不是字符型的，例如，列表框和下拉列表等。字符串控件有以下几种：

1. 字符串输入控件和字符串显示控件

这是两个最普通的字符串控件，位于前面板右键弹出控件选项板→“新式”→“字符串与路径”控件子选项板中。使用操作工具或编辑文本工具可以在字符串控件中输入或修改文本。使用定位工具可以缩放字符串控件的显示区域，但是字的高度方向不能小于一个字符高度。如果需要减少字符串控件在前面板上占的位置并能更多地显示字符，可以弹出右键快捷菜单，然后选择“显示项”→“垂直滚动条”或“显示项”→“水平滚动条”命令。当垂直滚动条选项为灰色时，应先扩大字符串控件的垂直尺寸。水平滚动条仅在不选中“启用自动换行”属性才可用。

2. 组合框

组合框也位于“字符串与路径”控件子选项板中。与基本字符串控件不同的是，基本字符串控件只有一个值，而组合框则可以有多个值，每个值属于一个项。每个项有自己的标签和值。在组合框上弹出右键快捷菜单，选择“编辑项”命令，则可以在弹出的对话框中对组合框的项目进行编辑。

其他字符串控件有表格、树形控件等。

3.4.3 字符串函数

字符串在控件上的显示形式有以下几种：

（1）正常显示。

（2）“\”代码显示。对非显示符号加“\”代码，可以进行显示。

（3）密码显示。用“*”代替所有字符。

（4）十六进制显示。用十六进制数显示所有字符的 ASCII 码值。

（5）在不同的显示形式之间切换时通过右键弹出菜单进行的。

字符串具有丰富的操作函数，如图 3.4.1 所示。

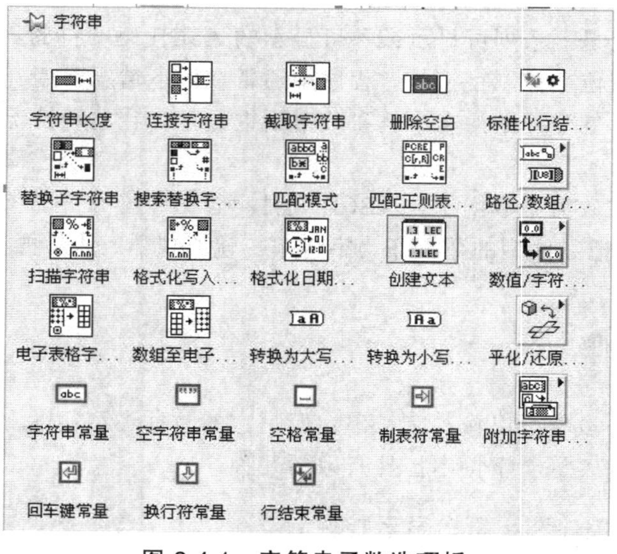

图 3.4.1 字符串函数选项板

1. 字符串长度函数

字符串长度函数返回字符串包含的字符个数。

2. 连接字符串函数

该函数把输入的字符串连接成一个新的字符串。用鼠标上下拖动该函数节点，该节点的输入接线端数目就可以增减。

3. 部分字符串函数

该函数从输入字符串中按“偏移量”参数指定的位置（从 0 开始计数）和“长度”参数指定的长度提取部分字符串。

4. 大小写转换函数

这里包含两个函数。一个是“转换为大写字母”函数，该函数把输入字符串中所有的字母全部转换成大写。另一个是“转换为小写字母”函数，该函数把输入字符串中所有字母全部转换成小写。

5. 替换子字符串函数

该函数用“子字符串”参数输入的字符串，把原字符串中从“偏移量”参数指定的位置开始，由“长度”参数指定长度的子字符串替换掉。

6. 搜索替换字符串函数

搜索替换字符串函数与替换子字符串函数的不同是，它不是按照位置和长度替换字符串，而是查找与“搜索字符串”参数一致的字符串，用“替换字符串”参数去替换。

7. 格式化日期/时间字符串函数

格式化日期/时间字符串函数按“时间格式化字符串”参数指定的格式输出系统时间及日期。时间格式代码为：%H（24 小时），%I（12 小时），%M（分），%S（秒），%p（上、下午），%d（日），%m（月），%y（年份不显示世纪），%Y（年份显示世纪），%a（星期缩写）。输入时间格式字符串时，如果插入其他字符，则将其原样输出。

8. 格式化写入字符串函数

格式化写入字符串函数按照“格式化字符串”输入参数指定的格式，将数据转换成字符串并连接在一起。所谓“格式化字符串”，主要是指：%s，写入字符串；%d，写入整数；%m.nf，以 m 个字符的宽度和保留 n 位小数的方式写入浮点数。另外，在“格式化写入字符串”函数图标上双击或右击，在弹出的快捷菜单中选择“编辑格式字符串”命令，在弹出的“编辑格式字符串”对话框中进行设置。

如果格式化写入字符串函数的“输入”参数已经连接了一些数据，那么这些数据项将全部出现在“当前格式顺序”列表中，可以在“对应的格式字符串”框中为它们指定转换的格式。格式字符串中除了格式符以外的内容将直接加入输出字符串中。

格式字符串也可以像输入字符串常数一样直接编辑。

如果“初始字符串”参数连接了一个字符串，则它原样加在最前面。

9. 扫描字符串函数

扫描字符串函数的操作与格式化写入字符串函数的操作正好相反。它按“格式字符串”

参数要求的格式，将输入字符串转换为其他类型的数据。使用这个函数要准确了解输入字符串的格式，并且与%s、%d、%f 等格式要素相配合。

10. 字符串移位与反转字符串函数

这两个函数在“附加字符串函数”子选项板中。字符串移位函数把一个字符串的第一个字符放到最后。连续调用这个函数可以依次把字符串前面的字符轮转到后面；反转字符串函数把一个字符串全部的顺序首尾颠倒。

11. 数值至小数字符串转换函数与数值至十进制数字符串转换函数

这两个函数在“字符串/数值转换”子选项板中。数值至小数字符串转换函数把一个数值型的数据转换为带小数的字符串，它的“精度”参数说明转换后保留几位小数，“宽度”参数说明转换后共几位数字。宽度大于数字位数时，左边补 0，宽度小于数字位数时保留实际数字位数。数值至十进制数字符串转换函数把一个数值型的数据整数部分转换为字符串。

“字符串/数值转换”子选项板中还有一些数字与字符串转换的函数，学习者可以自己多加练习。

12. 字符串至路径转换函数与字符串至字节数组转换函数

这两个函数在“字符串/数组/路径转换”子选项板中。字符串至路径转换函数把一个字符串转换为文件路径。字符串至字节数组转换函数把一个字符串中每个字符转换为它的 ASCII 值，这个无符号整型数成为输出数组中的一个元素。

3.4.4 字符串操作实例

这个实例完成的功能是，两个浮点型数字按照格式写入，以字符串方式传递到远端后，按照格式化扫描，恢复为原来的两个浮点数。

前面板设计如图 3.4.2 所示。

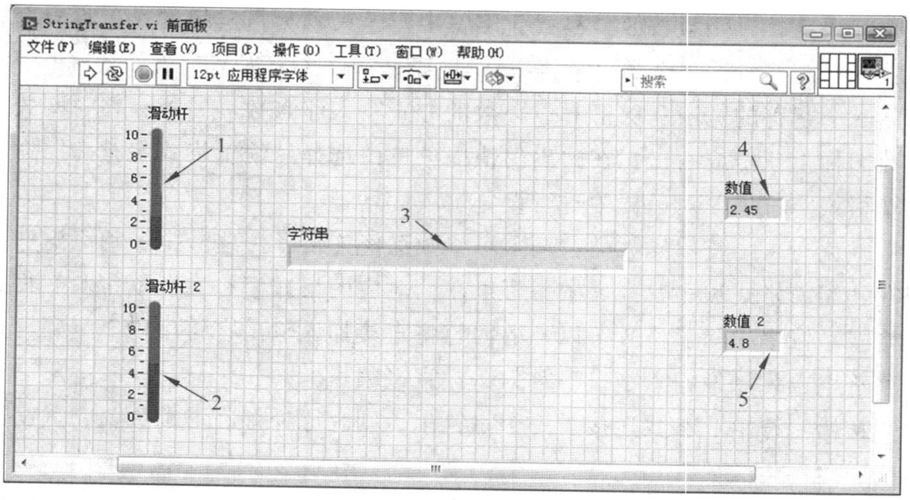

图 3.4.2 字符串操作前面板设计

前面板设计包含五个控件，①②为数值型滑动杆，创建路径为前面板右键菜单→“控件”→“新式”→“数值”→“垂直填充滑动杆”，位于第 2 行第 1 列，数字调整到适当值。③为字符显示控件，创建路径为前面板右键菜单→“控件”→“新式”→“字符串与路径”→“字符串显示”，位于第 1 行第 2 列。④⑤为数值型显示控件，创建路径为前面板右键菜单→“控件”→“新式”→“数值”→“数值显示控件”，位于第 1 行第 2 列。

①②分别为两个浮点数输入端，滑动时可以改变输入值。③为字符串显示控件，用于显示格式化写入浮点数后的字符串。④⑤为数值型显示控件，用于显示格式化扫描后，重新分离的两个浮点数，④显示①的输入，⑤显示②的输入。这个例子的重点是，格式化写入多个浮点数，组成字符串，经过远端传递后，格式化扫描字符串，分离出原始的浮点数，以进行后期的操作。

程序框图设计如图 3.4.3 所示。程序框图设计包含 8 个节点，①②分别对应前面板上的两个滑动杆控件，⑥对应前面板上的字符串显示控件，⑦⑧对应前面板上的数字显示控件，其余才是新添加的操控节点。

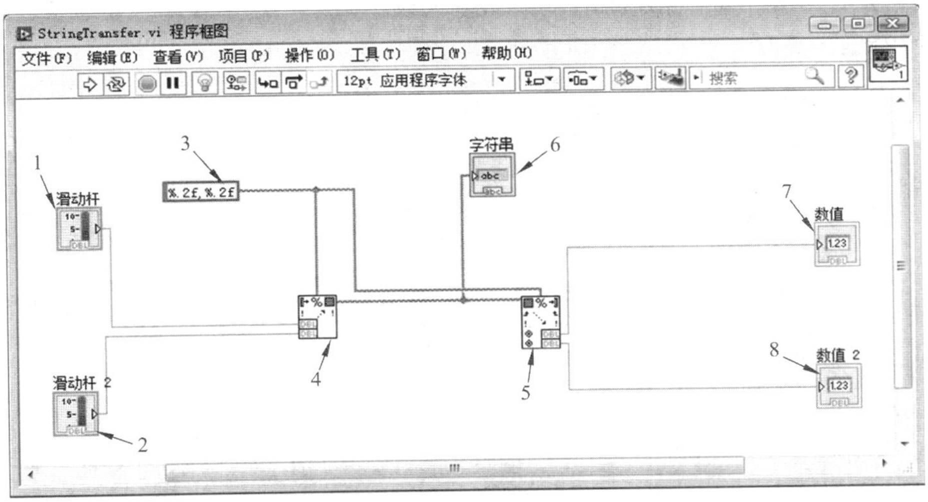

图 3.4.3　字符串操作程序框图设计

④为格式化写入字符串节点，创建路径为程序框图右键菜单→“函数”→“编程”→“字符串”→“格式化写入字符串”，该节点位于“字符串”子选项板的第 3 行第 2 列。该节点放入程序框图时，左下角的浮点数输入端只有一个，如果需要连接多个输入，则需要用鼠标上下拖动图标的选中句柄增加输入端。这里需要两个输入端，分别连接“滑动杆”和“滑动杆 2”。这个操作节点的另一个关键点是格式化字符串。③为字符串常量节点，创建路径为程序框图右键窗口→“函数”→“编程”→“字符串”→“字符串常量”，位于第 1 行第 5 列。在该字符串常量中输入格式化字符串，这里，我们需要把两个浮点数保留两位小数，并以逗号隔开，所以格式字符串的内容为“%.2f，%.2f”。这里需要特别注意，格式化字符串的内容一定要设计好，里面的字符必须为英文输入法下输入的字符，不要输入额外的字符。否则，将会给后面的格式化扫描字符带来麻烦。格式化字符串③右侧的接线端需要连接到格式写入节点④的顶上“格式化接线端”，才能完成两个浮点数写入字符串操

作。然后，可以把节点④右侧的“结果字符串”接线端连接到节点⑥，显示格式化写入的结果。

⑤为扫描字符串节点，创建路径为程序框图右键菜单→“函数”→“编程”→“字符串”→“扫描字符串”，该节点位于“字符串“子选项板的第 3 行第 1 列。该节点刚放入程序框图时，右下角的浮点数输入端只有一个，如果需要输出多个输出，则需要用鼠标上下拖动图标的选中句柄增加输出端。这里需要两个输出端，分别连接“数值”和“数值 2”。这个操作节点的另一个关键点是格式化字符串。③为已经创建好的字符串常量节点，也定制好了格式化字符串。这里，与格式化写入的格式相同，把两个浮点数保留两位小数，并以逗号隔开。格式化字符串③右侧的接线端需要连接到扫描字符串节点⑤的顶上“格式化接线端”；节点④右侧的“结果字符串”接线端连接到节点⑤左侧的“输入接线端”；节点⑤左下角的两个输出端分别接到节点⑦⑧左侧的接线端。

点击前面板框图上端的“连续运行”按钮，VI 的运行效果如图 3.4.4 所示。滑动左端的滑动杆改变输入的浮点数值，中间的字符串值随之改变，右端的浮点数显示值也随之改变。说明格式化写入字符串和扫描字符均成功实现了效果。这个效果，在通信设计里面，常常会使用到。

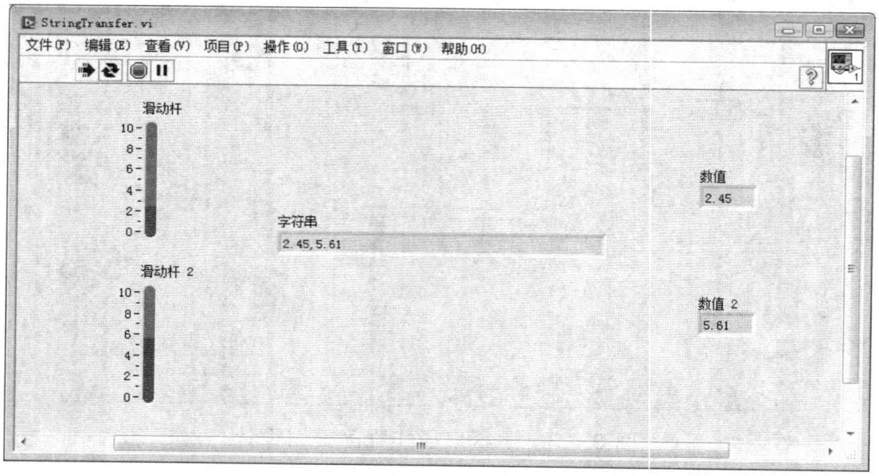

图 3.4.4　字符串操作效果图

练习与思考

1. 掌握数值类型及其操作节点。
2. 创建控件数组和常数数组。
3. 掌握簇的概念及其操作。
4. 掌握字符串及其操作。
5. 创建一个字符串显示控件，程序运行时显示当前系统日期、时间和自己的班级、姓名。
6. 产生一个随机数，显示在前面板时保留两位小数。

第4章 LabVIEW 控制结构

LabVIEW 程序与其他程序一样，除了基本的数据操作，还具有丰富的控制结构。程序的基本执行结构有顺序执行、条件执行和循环执行。LabVIEW 不仅仅包含基本的顺序结构、条件选择结构和循环结构，还包含事件结构、公式节点和属性结构，以及其他独有的控制结构，实现丰富灵活的程序执行。

本章主要介绍 For 循环和 While 循环结构、条件结构、顺序结构、事件结构、公式节点和属性节点。

本章重点：

- For 循环结构；
- While 循环结构；
- 条件结构；
- 两种顺序结构；
- 事件结构；
- 公式节点；
- 属性节点。

4.1 For 循环结构

4.1.1 For 循环的建立

本章介绍的程序结构，是编写程序运行结构的主要对象，其建立路径都是一样，在程序框图中右键弹出的窗口中，选择“函数”→“编程”→“结构”，如图 4.1.1 所示。依次包含：For 循环、While 循环、定时结构、条件结构、事件结构、元素同址操作、平铺顺序结构、公式节点、程序框图禁用、条件禁用结构、共享变量、局部变量、全局变量、修饰和反馈节点。

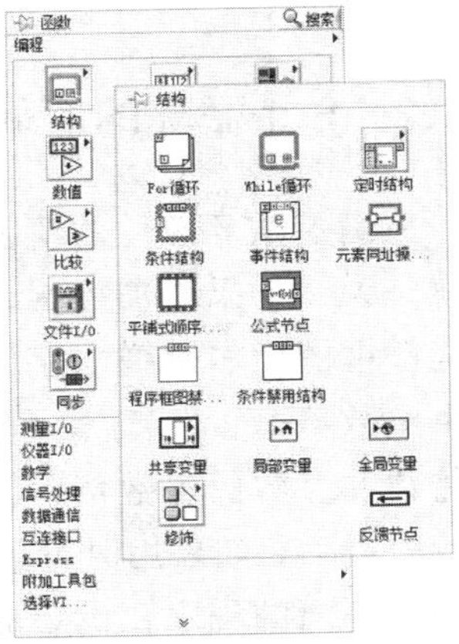

图 4.1.1 结构子选项板

各个程序结构都具有自己的特点，在后面的章节进行详细介绍。

For 循环控制一段代码按照设定的次数执行。在程序框图中创建 For 循环的方法是，在程序框图中右键弹出窗口中，选择“函数”→“编程”→“结构”→“For 循环”，如图 4.1.2 所示。

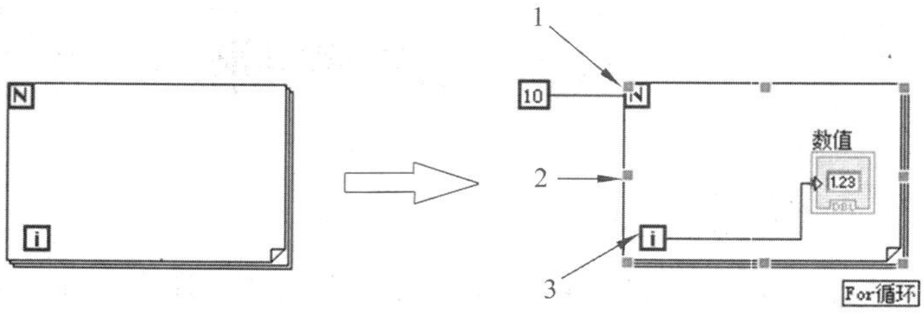

图 4.1.2 创建 For 循环

在所有应在 For 循环内执行的节点区域左上角单击，然后按住鼠标向右下角拖动，直到虚线框包围所有应在 For 循环内执行的节点，松开鼠标后，就得到一个大小和位置满意的 For 循环边框，如图 4.1.2 所示。也可以先放好一个 For 循环，再向其中输入代码。

在默认情况下，For 循环边框可以自动扩展，即放置 For 循环边框时，如果包含一个不完整对象，For 循环边框自动扩展到把此对象完全包括进循环边框。以后再往 For 循环边框中放对象时，只要大部分放进边框内，For 循环边框将自动扩展把此对象完全包括进循环边框。如果不要自动扩展，可以在 For 循环边框上右键弹出快捷菜单，选择“自动扩展？”命令。For 循环边框大小的手动调节只需要用定位工具拖动边框的方形缩放手柄即可。

For 循环有两个固定的接线端。图 4.1.1 中所示①为总数接线端，除非使用自动索引功能，否则，必须在 For 循环边框外为总数接线端连接一个 32 位整型数，指定循环执行的次数。如果连接其他类型的数值，LabVIEW 将自动把它强制转换为最接近的整型数。对正好在两个数之间的数，则转换为接近的偶数。③为计数接线端，它输出当前执行的循环次数。循环次数从 0 开始，到 n-1 结束。

4.1.2 For 循环的时间控制

在满足循环条件的情况下，循环结构在一次循环结束后将立即开始执行下一次循环。也就是说，如果不加控制，循环结构将以尽快的速度执行。控制循环速度最常用的方法是在程序框图中右键弹出窗口，选择“函数”→“编程”→“定时”子选项板中的“等待下一个整数倍毫秒”节点。程序执行到这个节点时将等到它的“毫秒计时值”变为输入的“毫秒倍数”参数的整数倍，因此，可以控制循环按固定的时间间隔执行。For 循环内的程序执行完以后，如果用时不到设定的毫秒数，将等到设定的毫秒数再执行下一次循环。但是，如果循环内的程序在设定的毫秒数内没有执行完毕，则将在程序执行完后再开始下一次循环。也就是保证程序执行一次循环的时间不会少于设定的毫秒数。

4.1.3　For 循环的数据传递

For 循环结构的数据传递包含传进和传出两个方向的传递，如图 4.1.3 所示，①为传进 For 循环的数据，④为传出 For 循环的数据。①的数据在循环第一次执行时进入循环边框内，以后在循环执行过程中将不再理会这个数据的变化。④的值在循环执行过程中并不会变化，只会在 For 循环执行完毕后，显示最后一次执行的数据。

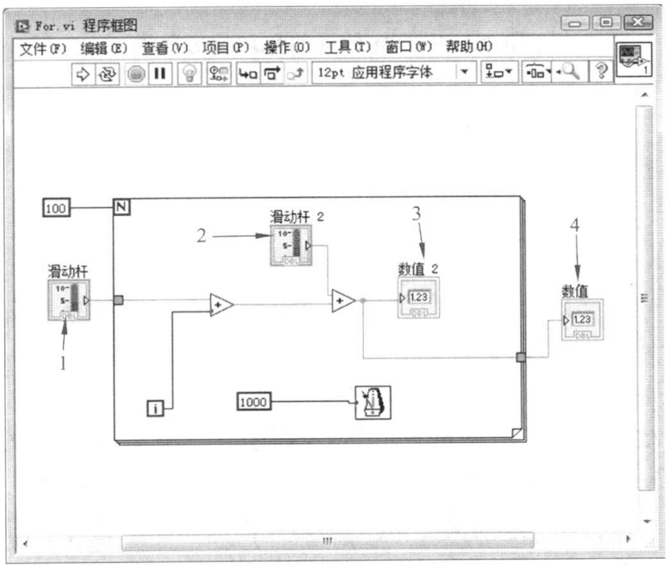

图 4.1.3　For 循环的数据传递

4.1.4　For 循环对数组的自动索引

自动索引是指使循环边框外的数组元素依次进入循环边框内，或使循环边框内的数据累加成一个数组输出到循环边框外面的功能。使用自动索引功能时，从循环边框外连接到输入隧道的二维数组将索引出一维数组，从一维数组将索引出单个元素，也就是降维处理。与此相反，在循环的输出边框，单个元素依次累加成为一维数组，一维数组累加成二维数组，也就是升维处理。

For 循环和 While 循环都支持这种功能，但是连接到 For 循环的数组默认为自动索引，如果不需要索引，可以在数组进入循环的隧道上右键弹出快捷菜单，选择“禁用索引”命令。而连接到 While 循环的数组默认为不能自动索引，如果需要索引，可以在循环的隧道上右键弹出菜单，从中选择“启用索引”命令。启用索引时，隧道图标是空心框；禁用索引时，隧道是实心框。进入循环的数据隧道上使用自动索引以后，数据线型由粗线变为细线，或由双线变为单线；而输出数据的隧道上使用自动索引以后，数据线型由细线变为粗线，或由单线变为双线。

如图 4.1.4 所示，左边为程序框图，实现一个 For 循环，①为空心框，表示自动索引为隧道，将 5 次输出的单个 i 索引为数组，依次显示在前面板上，输出的结果为 0、1、2、3、4。

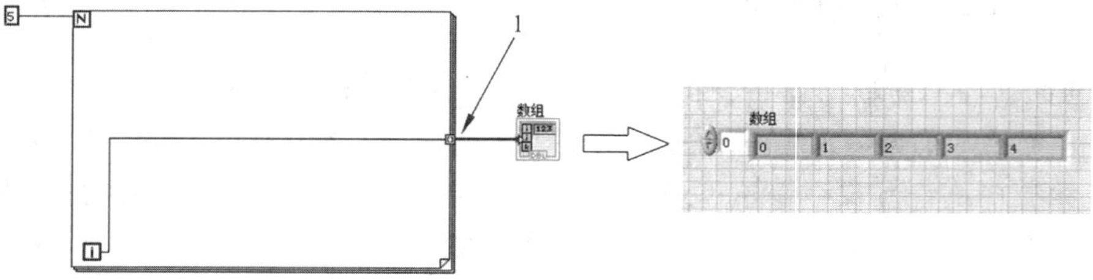

图 4.1.4 For 循环的自动索引隧道

4.1.5 For 循环的移位寄存器

1. 建立移位寄存器

移位寄存器从一个循环向下一个循环传递数据。For 循环和 While 循环都可以使用移位寄存器。创建移位寄存器的方法是在循环边框的左边框或右边框上右击弹出快捷菜单，然后从中选择“添加移位寄存器”命令。

刚创建的移位寄存器包含两个相对的接线端，分别位于循环的两个竖直边框上，右边的接线端存储循环结束时的数据。到下一个循环开始时，该数据出现在左边的接线端上。左边的接线端可以增加，以便存储多次循环的数据。增加接线端的方法是用鼠标拖动接线端的方形缩放手柄，或弹出快捷菜单，从中选择“添加元素”命令。

一个 For 循环或 While 循环可以建立多个移位寄存器。

如果需要将循环边框上的数据隧道变换为移位寄存器，可以在隧道图标上右键单击弹出快捷菜单，从中选择“替换为移位寄存器”命令。替换时，如果输出隧道处于自动索引状态，循环边框外的连线将自动断开，需要重新建立与数据类型相适应的连线。替换时，如果没有对应的输入隧道，将会自动建立一对移位寄存器；如果有对应的输入隧道，则只建立右边框移位寄存器，同时光标变为移位寄存器形状，需要手工把它放到左边框上，也可以用它替换对应的数据输入隧道。

当左边框上只有一个移位寄存器接线端时，可以在移位寄存器接线端图标上单击右键弹出快捷菜单，从中选择“替换为隧道”命令，将它替换为一对数据隧道。

2. 移位寄存器传递数据的方法

图 4.1.5 展示了移位寄存如何传递数据。这个程序在循环开始前为移位寄存器左边两个接线端都赋初始值“0”（注意，如果初始化移位寄存器，就必须为左侧接线端都赋值，而且要用同样的数据类型）。循环开始后，循环数 i 不断送入右边框的移位寄存器接线端，并在每次循环结束时转移到左侧移位寄存器接线端。到下一次循环时这个循环数就出现在左边框最上边的移位寄存器接线端中。而在每次循环中，移位寄存器左边各接线端的值都向下移动一次。到循环结束时，右侧接线端的数值转移到左侧接线端的同时，输出到循环边框外。

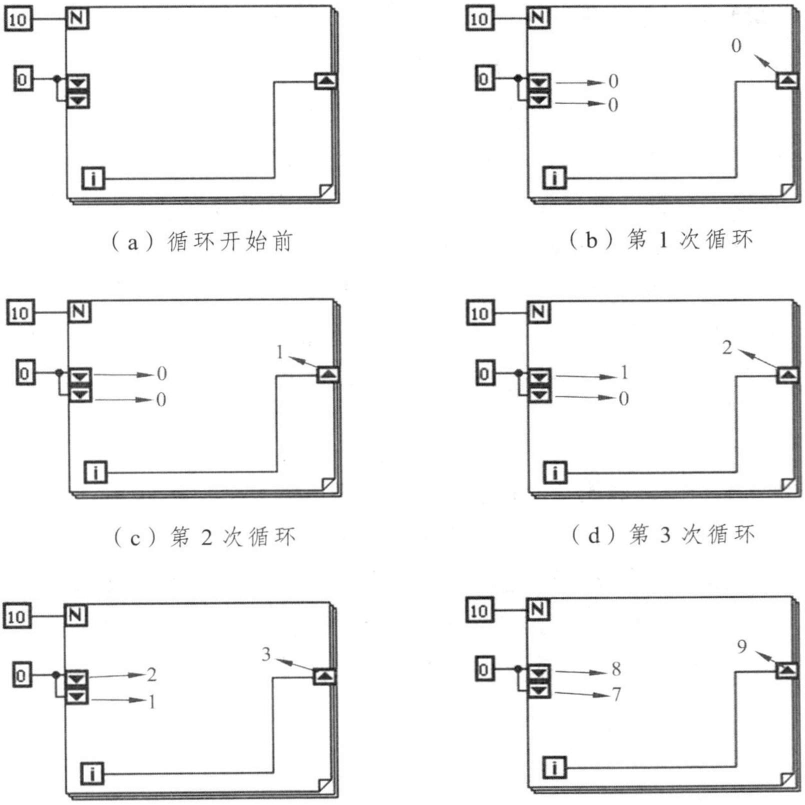

（a）循环开始前　（b）第 1 次循环

（c）第 2 次循环　（d）第 3 次循环

（e）第 4 次循环　（f）最后一次循环

图 4.1.5　移位寄存器传递数据过程实例

对于图 4.1.5 所示，在循环开始前，循环边框的右侧设置了一个移位寄存器，并与循环输出数 i 相连，循环边框的左侧设置了两个移位寄存器，设置方法是向下拖动接线端，并且设置初始值为 0。第一次循环时，i 值从 0 开始，传递到右侧移位寄存器。第二次循环时，先把左侧边框上边的移位寄存器的值 0 传递到左侧边框下边的寄存器，右侧边框的移位寄存器的值 0 传送到左侧边框最上边的移位寄存器，然后把值为 1 的 i 值传递到右侧边框的移位寄存器。第三次循环时，先把左侧边框上边的移位寄存器的值 0 传递到左侧边框下边的寄存器，右侧边框的移位寄存器的值 1 传送到左侧边框最上边的移位寄存器，然后把值为 2 的 i 值传递到右侧边框的移位寄存器。第四次循环时，先把左侧边框上边的移位寄存器的值 1 传递到左侧边框下边的寄存器，右侧边框的移位寄存器的值 2 传送到左侧边框最上边的移位寄存器，然后把值为 3 的 i 值传递到右侧边框的移位寄存器。如此循环执行，直到最后的结果是，左侧边框的两个移位寄存器的值分别为 8 和 7，右侧边框移位寄存器的值为 9，并输出到边框外。

移位寄存器可以存储上一次循环的结果，可以帮助完成具有递归特性的计算。

移位寄存器可以保存任何类型的数据，如数值型、布尔型、字符串和数组等。移位寄存器能自动适应连接到它的接线端上的第一个数据的类型。

3. 使用非初始化的移位寄存器

图 4.1.5 中为移位寄存器进行了初始化。这样，每次开始执行这个循环时，左侧边框的两个移位寄存器接线端都被赋初始值。但是，有时应用移位寄存器就是为了保存程序运行中的一些状态信息，这时就不能对移位寄存器进行初始化。

非初始化的移位寄存在程序装入内存时自动按所连接的数据的类型进行初始化，例如，数值型的初始值为 0，布尔型的初始值为假。

以后程序每次执行到这个循环时，移位寄存器左侧接线端向循环内的输出值是上次执行时的终值。只要程序不退出内存，移位寄存器总保存着它上一次执行时的数据。这样就能使移位寄存器在程序的一系列执行过程之间传递数据。

4. 反馈节点

当 For 循环或 While 边框比较大时，使用移位寄存器会造成过长的连线，因此，LabVIEW 提供了反馈节点。在 For 循环或 While 循环中，当我们把一个节点的输出连接到它的输入时，连线中会自动插入一个反馈节点，同时自动创建了一个初始化接线端。

反馈节点是简化了的移位寄存器。因此，反馈节点可以转换为移位寄存器，在反馈节点图标上右键弹出快捷菜单，选择“替换为移位寄存器”命令即可。

4.2 While 循环结构

For 循环一般是明确知道代码循环次数。而 While 循环往往是不知道确切的循环次数，而是某种条件情况下反复执行一段代码，直到不满足该条件。

建立 While 循环和 For 循环的方法是一样的。在程序框图中右键弹出窗口中，选择“函数”→“编程”→“结构”→“While 循环”。

While 循环有两个固定的接线端，如图 4.2.1 所示。①为循环计数，②为循环条件。“循环计数”是一个输出接线端，它输出循环当前执行的次数。循环次数是从 0 开始计数的，“循环条件”是一个布尔输入接线端，程序在每次循环结束时检查条件接线端。因此，While 循环总是至少执行一次。

条件接线端到底遇到什么条件能使 While 循环停止下来是可以设置的。默认设置为“真（T）时停止”，即直到传递到条件接线端的布尔量为“真”时退出循环，如图 4.2.1（a）所示。在这种情况下，如果条件接线端创建一个停止按钮，由于这个控件按下时布尔量值为“真”，所以按下按钮，循环即停止。而且这个按钮默认的动作方式是“释放时触发”，一旦程序读取这个值，它就弹起恢复到“假”值，以便程序下一次运行。在条件接线端上弹出右键快捷菜单，将设置改为“真（T）时继续”，则传递到条件接线端的布尔量值为“假”时退出循环，如图 4.2.1（b）所示。

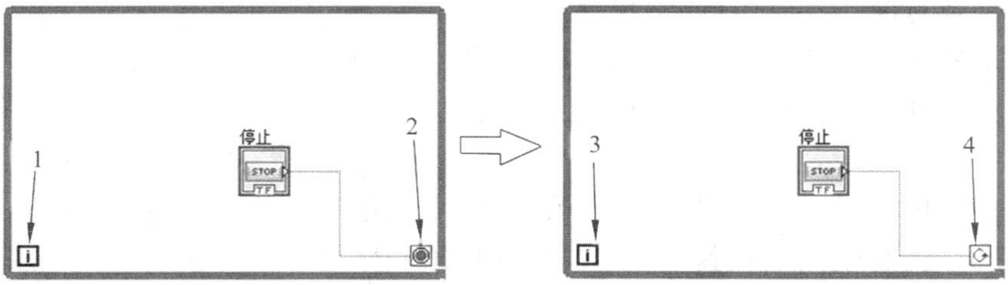

（a）　（b）

图 4.2.1　While 循环结构

如果连接一个错误信息簇数据到条件接线端，则默认值设置为“错误时停止”，即遇到已发生错误的信息时停止，如图 4.2.2（a）所示。许多 VI 会返回一个“错误信息”参数，它是一个簇，包含一个错误信息数码值、一个错误状态布尔量和一个错误源说明字符串。条件接线端自动解析出其中的“错误状态”布尔量，根据这个值确定执行什么操作。在条件接线端右键弹出快捷菜单，将其设置为“错误时继续”，则即使遇到错误信息也不会退出循环，如图 4.2.2（b）所示。

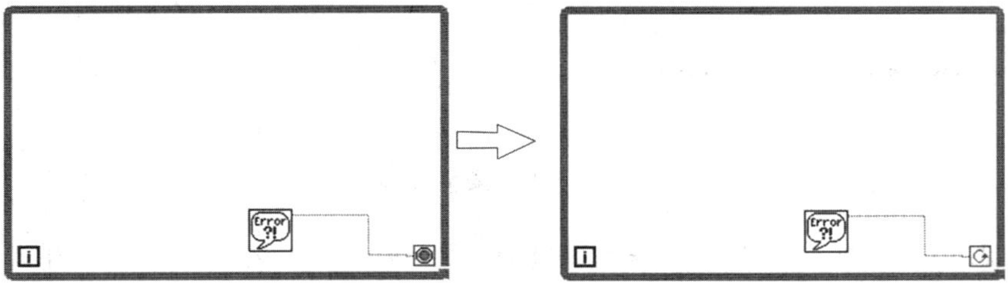

（a）　（b）

图 4.2.2　While 循环结构

由于循环结构在进入循环后将不会再理会边框外面数据的变化，因此，产生循环终止条件的数据源一定要放在循环边框内，否则有可能造成死循环。

While 循环的自动索引、循环时间控制方法及使用移位寄存器等功能与 For 循环都是非常相似的。但是，在使用数组自动索引功能时应该注意，While 循环的循环次数不是事先确定的，在对进入循环的数组进行索引时，如果数组元素已经索引完毕，则 LabVIEW 自动在后面追加默认值。

4.3　条件结构

4.3.1　条件结构的建立

条件结构包含有两个以上子程序框图，每个子程序框图中的一段程序代码对应一个条件分支，程序运行时选择其中的一段执行。

在程序框图中放置条件结构的方法以及结构边框的自动增长、边框大小的手动调整等与循环结构是一样的。在程序框图中右键弹出窗口中，选择“函数”→“编程”→“结构”→“条件结构”。

放进程序框图的条件结构图标如图 4.3.1（a）所示。它的子程序框图像一摞卡片一样重叠在一起，任何时候只显示其中一个。向这些子程序框图输入代码也要一层层地打开进行。条件结构左侧边框带“？”的图标是选择器接线端。由条件结构外接到选择器接线端的值决定条件结构到底执行哪一个子程序框图的代码。这个值的类型可以是整型、布尔型、字符型或枚举型。选择器接线端的图标颜色也会随连接的数值类型而改变。默认情况下是连接一个布尔量，图标为绿色，共有两个子程序框图。

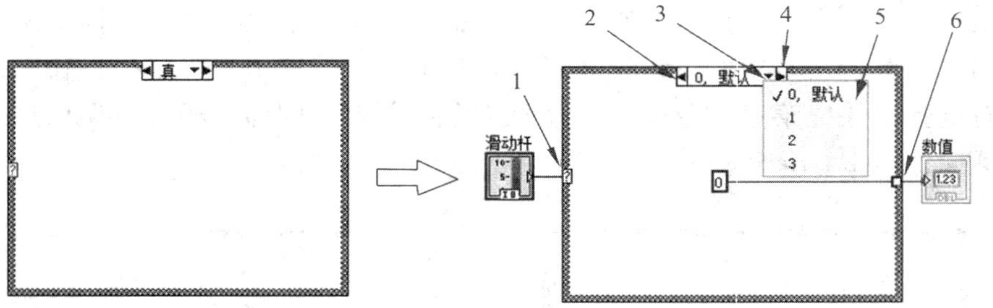

（a）（b）

图 4.3.1 条件结构

如图 4.3.1（b）所示，①为选择器接线端，连接了一个整数型的滑动杆，作为条件结构的选择输入端。③为选择器值，在图标上右键单击弹出快捷菜单，然后从中选择“在后面添加项”或“在前面添加项”命令，可以添加更多的条件分支。这里，我们总共添加了四个分支，分别是 0、1、2、3，其中 0 分支为默认分支。鼠标单击③右端的三角形图标，就会显示⑤，即全部的分支。②④分别是往前和往后显示分支。

条件选择器标签指明当前显示的子程序对应的条件分支，但是程序运行时并不一定执行当前显示的子程序框图。

单击条件选择器标签两边的递增或递减箭头可以分别查看或编辑前一个或后一个子程序框图。在条件选择器标签上单击，则出现所有存在的条件分支名称，可以选择显示其中的任意一个。

通过条件结构边框上弹出的右键快捷菜单还可以进行子程序框图的复制、删除或删除整个条件结构，这时只剩下顶层内的程序框图。

4.3.2 条件结构的设置

1. 默认选项的设置

在 LabVIEW 中使用条件结构，必须设置一个默认子程序框图处理超出选项范围的情况（除非能够为每个可能的选择值都设置一个子程序框图）。例如，一个条件结构的选择器接线端连接一个整型数，而条件结构具有 1、2、3 这三个子程序框图，这时为选择器连线端所有可能的选择值设置子程序框图是不可能的，所以必须将 1、2、3 这三个子程序框图之一设置为默认选项，只要选择器值是 1、2、3 之外的值就执行这个默认选项。

设置默认选项的方法是，当显示默认子程序框图时在条件结构边框上右键弹出快捷菜单，然后选中“本分支设置为默认分支”命令。

2. 子程序框图的设置

用编辑文本工具修改选中器标签中的选择器值，可以设置子程序框图与选项的对应关系。添加选择器标签可以是单值或多值的，例如，“3”或“1，2，3，4”；可以是一个范围，例如，“1..10”；也可以是多个范围，例如，“1..3，5..10”。范围是可以开放的，例如，“..1”或“10..”，前者表示选项值小于或等于 1 时都执行这个子程序框图，后者表示选项值大于或等于 10 都执行这个子程序框图。同一个子程序框图中设置的范围有重叠时，LabVIEW 会自动调整为紧凑的形式。例如，输入“1..12，10..20”，则显示为“1..20”。字符型和枚举型值在条件选择器标签中被自动加上双引号。用字符型选择值表示范围时不包括最后一个字符，例如，“A..E”，包括字符 A、B、C、D 开头的任何字符选项值，而不包括 E 开头的字符选项值。错误的条件选项值会自动用红色显示。

修改条件结构的子程序框图顺序的方法是，在条件结构边框上弹出右键快捷菜单，然后从中选择“重排分支”命令，弹出一个对话框，在“分支列表”中拖动条件选择器标签值到需要的位置或直接点击“排序”按钮。

3. 隧道的要求

向条件结构边框输入数据时，各个子程序框图连接或不连接这个数据的隧道都可以；但是，从条件结构边框向外输出数据时，各个子程序框图都必须为这个隧道连接数据，否则隧道图标是中空的，程序运行按钮也是断开的。当各个子程序框图都为这个隧道连接好数据以后，隧道图标才成为实心的，程序才可以运行。如果允许没有连线的子程序框图输出默认值，可以在数据隧道上右键弹出快捷菜单，然后从中选择“未连接时使用默认”命令，这时隧道变为灰色，程序执行到没有为输出隧道连线的子程序框图时，就输出相应数据类型的默认值。

4.3.3 条件结构应用实例

条件结构可以为程序的执行带来丰富的选择，条件结构是程序运行的基本结构之一。根据选项值的不同，可以执行不同的代码分支。

这里展示的一个例子：使用条件结构处理错误。LabVIEW 的很多 VI 输出一个“错误输出”参数，指出这个 VI 执行中是否发生错误，通知后续程序进行必要的处理。采用条件结构是处理错误信息的方法之一。把“错误输出”参数连接到条件结构的选择器接线端，条件选择器标签自动变为“无错误”和“错误”两项，并且“无错误”子程序框图围绕一个绿色边框，“错误”子程序框图围绕一个红色边框。如果错误输出参数中没有指出发生错误，就执行“无错误”子程序框图的代码，否则就执行“错误”子程序框图的代码，如图 4.3.2 所示。

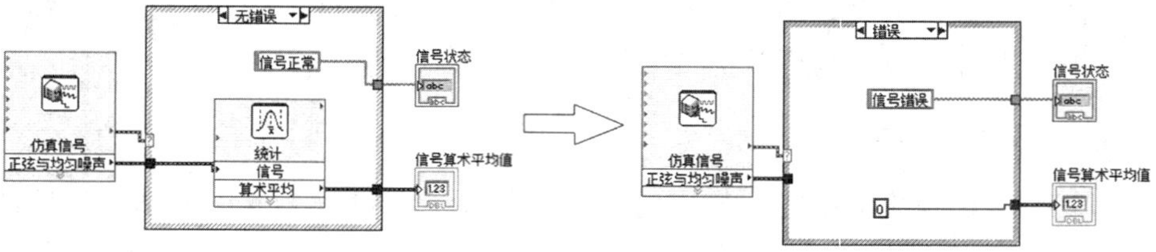

（a）（b）

图 4.3.2 条件结构例子

如图 4.3.2（a）所示，在程序框图中右键弹出窗口中选择“函数”→“Express”→“输入”→“仿真信号”，该 VI 位于子选项板第 2 行第 1 列，放置到程序框图后，配置为“正弦与均匀噪声”，把该 VI 的右侧“错误输出”接线端连接到新建的条件结构选项接线端，条件结构立即变为“无错误”和“错误”两个分支，“无错误”分支围绕一个绿色边框，“错误”分支围绕一个红色边框。在“无错误”分支子程序框图右键弹出窗口中选择“函数”→“Express”→“信号分析”→“统计”，该 VI 位于子选项板第 3 行第 2 列，连接信号，输出“信号算术平均值”，同时，输出一个值为“信号正常”的字符常数。在“错误”分支子程序框图中，放入一个值为“0”的数值常数，然后再放入一个值为“信号错误”的字符常数。这样，信号正常时就会统计出“信号算术平均值”，信号错误的时候就会输出“0”。

4.4 顺序结构

基于文本的编程语言，程序是按语句出现的顺序执行的。而在数据流程序中，只要一个节点所需要输入的数据全部到达就开始执行。如果有时需要某个节点先于其他节点执行，可以用顺序结构作为控制节点执行次序的一种方法。

顺序结构的图标像电影胶片一样，可以包含一个或多个子程序框图，每一个子程序框图被称为一个“帧”。子程序框图编号从 0 开始，顺序结构从 0 号程序框图内的代码开始，顺序执行每一个子程序框图。有层叠式顺序结构和平铺式顺序结构两种顺序结构。当有多个子程序框图时，层叠式顺序结构的子程序框图像一摞卡片一样重叠在一起，需要一层层地打开向这些子程序框图输入代码；而平铺式的顺序结构像一卷展开的电影胶片，所有的子程序框图在一个平面上。层叠式顺序结构节省程序框图的空间，但是掩盖了数据流的关系。平铺顺序结构正好与它相反。

4.4.1　顺序结构的建立

在程序框图中放置顺序结构的方法以及结构边框的自动增长、边框大小的手动调节与循环结构是一样的。

刚放进程序框图的顺序结构如图 4.4.1 所示，最左端只有一个子程序框图。在顺序结构边框上弹出右键快捷菜单后从中选择“在后面添加帧”或“在前面添加帧”命令可以逐个增加子程序框图。中间为层叠式顺序结构，右端为平铺式顺序结构，两者可以在边框的右键菜单中实现互相转换。

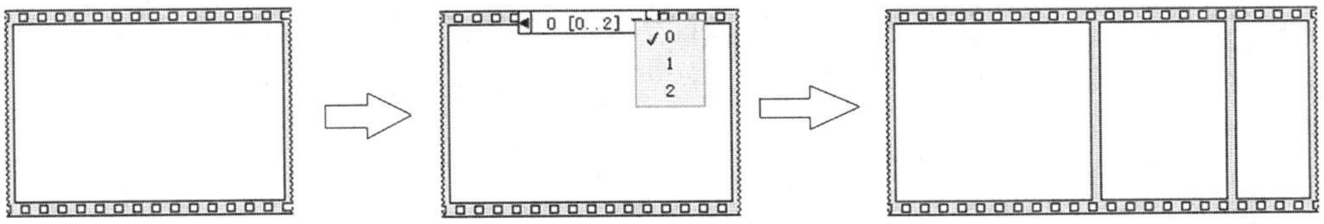

图 4.4.1　顺序结构

4.4.2　顺序结构的数据传递

顺序结构可以很清晰的展示程序之间执行的先后顺序，但各程序代码之间本身是一个整体，需要注意各个部分之间的数据传递。

向顺序结构中输入数据时，各个子程序框图连接或不连接这个数据的隧道都可以；但是从顺序结构向外输出数据时，各个子程序框图只能有一个连接这个隧道；否则，隧道图标是中空的，程序运行按钮也是断开的。这一点与条件结构不同，而且，不管由哪一个子程序框图向外传递数据，都需要等所有子程序框图顺序执行完后才能传出数据。

在各个子程序框图之间传递数据时，平铺顺序结构可以直接连线，如图 4.4.2 所示。但是层叠式顺序结构需要借助于顺序局部变量。

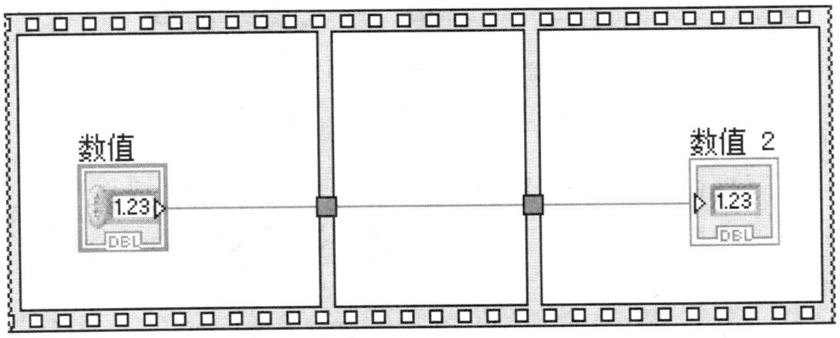

图 4.4.2　平铺顺序结构传递数据

建立顺序结构局部变量的方法是在顺序结构边框上弹出右键快捷菜单，然后选中“添加顺序局部变量”命令。这时，在弹出快捷菜单的位置出现一个黄色小方框，为这个小方框连接数据后，它中间出现一个指向顺序结构框外的箭头，并且颜色也变为与连接数据类型相符，如图 4.4.3 所示。这时，一个数据已经存储到顺序局部变量中了。

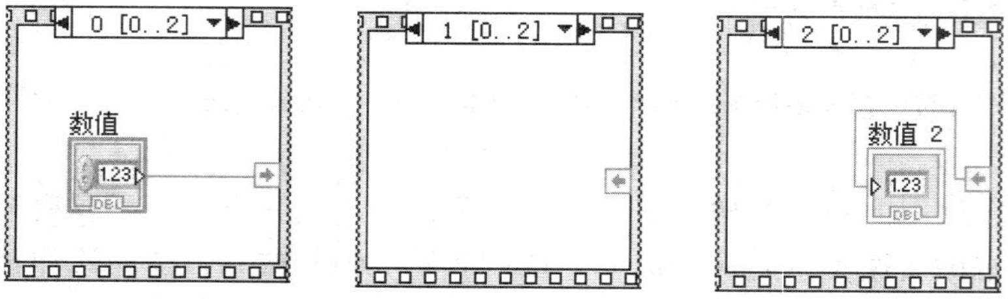

图 4.4.3　层叠顺序结构利用局部变量传递数据

不能为顺序局部变量赋值之前的子程序框图访问这个数据，在这些子程序框图中顺序局部变量图标没有箭头，也不允许连线。在为顺序局部变量赋值的子程序框图之后，所有子程序框图都可以访问这个数据，这些顺序局部变量图标都有一个向内的箭头。

4.4.3　顺序结构应用实例

为了充分展示顺序结构的特点，此处设计了一个实例 VI。该 VI 的功能是计算产生随机数所花费的时间。

该 VI 的程序框图如图 4.4.4 所示，首先添加一个平铺式的顺序结构，然后在边框上右键单击弹出快捷菜单，选中"在后面添加帧"命令，连续操作两次，组成一个具有三个帧的顺序层叠结构。

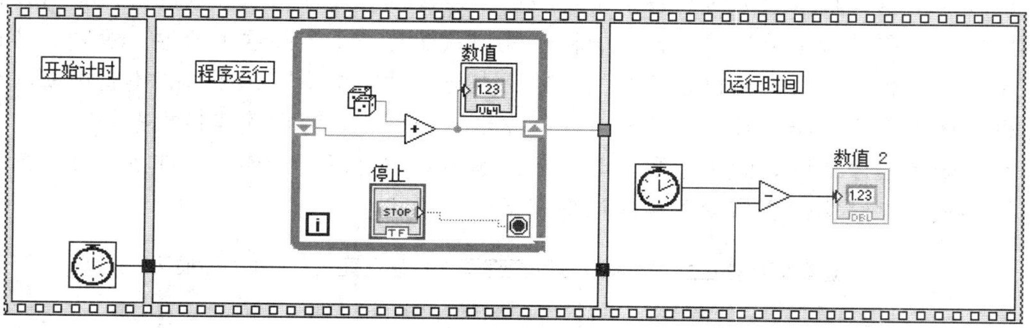

图 4.4.4　计算程序运行时间

在第一帧中，程序框图右键弹出窗口中选择"函数"→"编程"→"定时"→"时间计数器"节点开始计时。时间计数器节点返回接收机开机到当前的时间毫秒数。鼠标双击空白处，输入注释"开始计时"。

在第二帧中，为程序框图中添加一个 While 循环，在前面板添加一个数值显示控件和一个布尔型的停止按钮，在程序框图中添加一个产生随机数的节点，然后在 While 结构的边框上添加一个移位寄存器，再添加一个加法运算，连接后完成累加随机数的运算。鼠标双击空白处，输入注释"程序运行"。

在第三帧中，再次使用时间计数器节点，用当前时间值减去程序开始运行时间，得到程序运行所消耗的时间。鼠标双击空白处，输入注释"运行时间"。

这个平铺式顺序结构，设计了 3 帧，第一帧“开始计时”，第二帧“程序运行”，第三帧“运行时间”，使程序运行顺序非常清晰。

4.5　事件结构

LabVIEW 是一种数据流的程序开发平台，由数据流决定程序中节点的执行顺序。事件驱动扩展了数据流编程的功能，允许用户在前面板的直接干预或程序不同部分之间的交流影响程序的执行。

事件即发生了某种事情的通知。LabVIEW 支持两种来源的事件：一种是用户界面事件，例如，单击鼠标产生的鼠标事件、按下键盘产生的键盘事件等；另一种是程序设置事件，这种事件用来承载用户定义的数据与程序其他部分通信。本书主要介绍用户界面事件。

在事件驱动程序中，一般是用一个循环等待事件发生，然后按照为这个事件指定的程序代码对事件进行响应，以后再回到等待事件状态。

使用事件结构，可以达到用户在前面板的操作与程序框图同步执行的效果。如果不使用事件，程序必须不断查询前面板控件的状态，随时检查它的变化，这样不仅仅浪费 CPU 的时间，还可能检查不出过快的变化。

使用事件响应特定的用户动作，每次事件发生时，LabVIEW 会自动通知程序，这样简化了程序代码，保证了对所有事件的响应。用户改变前面板控件的值、关闭前面板、退出程序等动作，都可以及时被程序捕捉到。

4.5.1　事件结构的建立

事件结构的图标外形与条件结构及其相似，但是事件结构可以只有一个子程序框图，这个子程序框图可以设置为响应多个事件；也可以建立多个子程序框图，设置为分别响应各自的事件。在程序框图中放置事件结构的方法以及结构边框的自动增长、边框大小的手动调整等与其他结构是一致的。

在事件结构边框上右键弹出快捷菜单，可以从中选择“添加事件分支”或“复制事件分支”等命令为事件结构添加子程序框图，如图 4.5.1 所示。①为事件数据节点，用于访问事件数据值。可以缩放事件数据节点显示多个事件数据项。在事件数据项上右键弹出快捷菜单，可以选择访问哪个事件数据元素。②为事件超时接线端，用于连接一个数值指定等待事件的毫秒数。默认值为 -1，即无限等待。超过设定的时间没有发生事件，LabVIEW 就产生一个超时事件。可以设置一个处理超时事件的子程序框图。③为选择器标签，表明由哪些事件引起了当前子程序框图的执行。与条件结构的条件选择器标签相似。

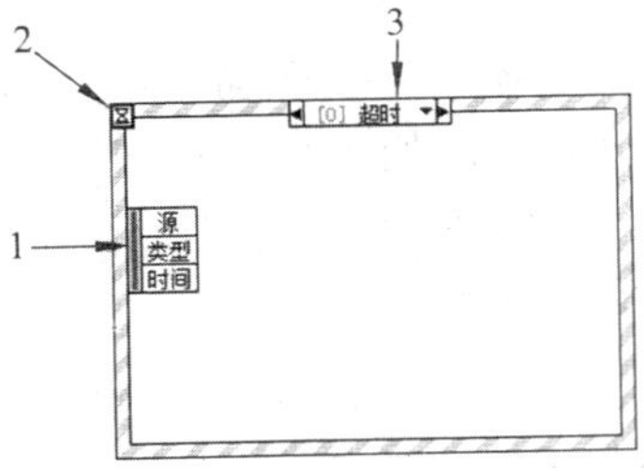

图 4.5.1　事件结构

4.5.2 事件结构的设置

我们先来按照图 4.5.2 所示做一个应用事件的程序。前面板上有三个控件，“确定按钮”和“停止”按钮为布尔变量，“字符串”为字符显示控件。其中，“停止”按钮是在程序框图中配合 While 循环连续不断地运行。

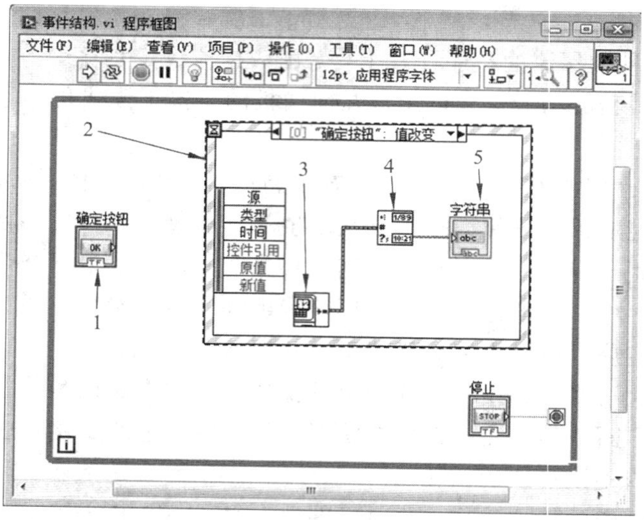

图 4.5.2 事件结构

在程序框图中，①为“确定按钮”；②为事件结构；③为“获取日期/时间（秒）”，创建路径为：程序框图中右键弹出窗口中选择“函数”→“编程”→“定时”→“获取日期/时间（秒）”，该节点位于子选项板第 2 行第 2 列；④为“获取日期/时间字符串”，创建路径为：程序框图中右键弹出窗口中选择“函数”→“编程”→“定时”→“获取日期/时间字符串”，该节点位于子选项板第 2 行第 1 列；⑤为字符串显示控件。连接③④⑤的相关接线端，就能在前面板显示当前时间。

在事件结构边框上弹出右键快捷菜单，选择“编辑本分支所处理的事件”命令，弹出如图 4.5.3 所示的“编辑事件”对话框，其中主要有以下设置项：

①为“事件分支”下拉列表框：列出事件结构分支的总数和名称。可以通过下拉列表选择要编辑的事件分支，选定某个事件分支后，事件结构将进入这个事件分支编辑页，同时程序框图中结构会自动转为显示所编辑的子程序框图。

②为“事件说明符”列表：显示当前子程序框图中已定义的事件源和事件名。单击下边的“添加事件”按钮可以添加事件，单击“删除”按钮移除选中的事件。

③为“事件源”列表框：分类列出可以通过设置产生事件的对象，图中选中的事件源为“确定按钮”。

④为“事件”列表框：选择一个事件源后，此栏列出可以为这个事件源选择的事件。图中事件为“值改变”。

⑤为“锁定前面板直至事件分支完成”复选框：可以对通知事件设置该选项，设置该选项以后，响应此事件的程序代码不执行完前面板其他控件都锁死。

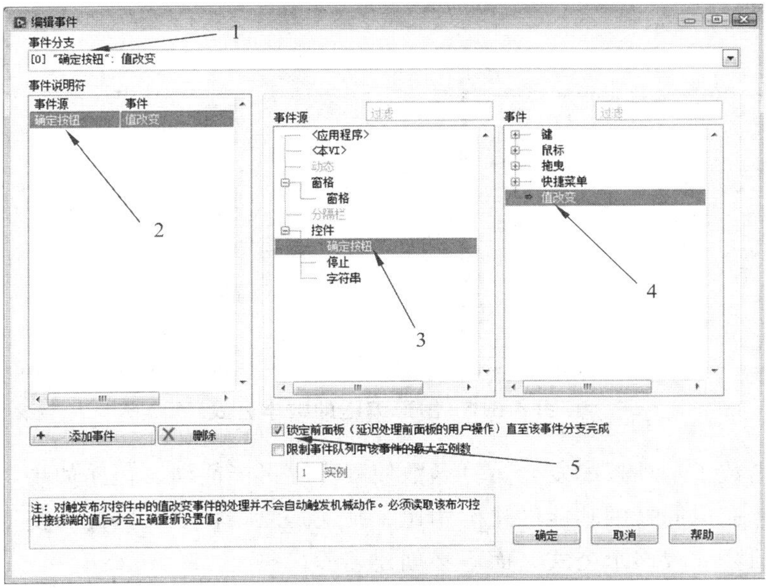

图 4.5.3　编辑事件

按照图 4.5.2 所示的程序框图进行设置，运行程序，在界面上点击“确定按钮”就能获取当前时间。

4.5.3　事件结构应用

当前主要的程序开发都支持事件结构，LabVIEW 当然不会对此有所缺失。事件结构的应用，主要在于捕捉偶然随机事件的发生，而不用一直占用 CPU 轮询监测事件的发生，类似于大家熟悉的中断。轮询的发起者是 CPU，而事件结构的发起者一般是控件。这样就极大的发挥了 CPU 的有效利用率。

事件结构主要的使用场景是偶然随机命令消息或控件主动发起命令消息，比如：网络通信程序或串口通信程序。网络通信程序中，如果发送方是偶然随机发起通信，就非常适合使用发送按钮事件进行通信。串口通信也是如此，如果发起方偶然随机发送控制信息，接收方利用多线程或中断或接收事件进行接收。

4.6　公式节点和表达式节点

4.6.1　公式节点用途

如果程序中有一些复杂的数学计算，那么使用函数编写程序图形代码是比较麻烦的。

例如，以下问题：当 $x>0$，$y=mx^3+3nx^2-x+1$；当 $x<=0$，$y=-2mx^3+x-5$。使用函数编写的图形代码如图 4.6.1 所示。

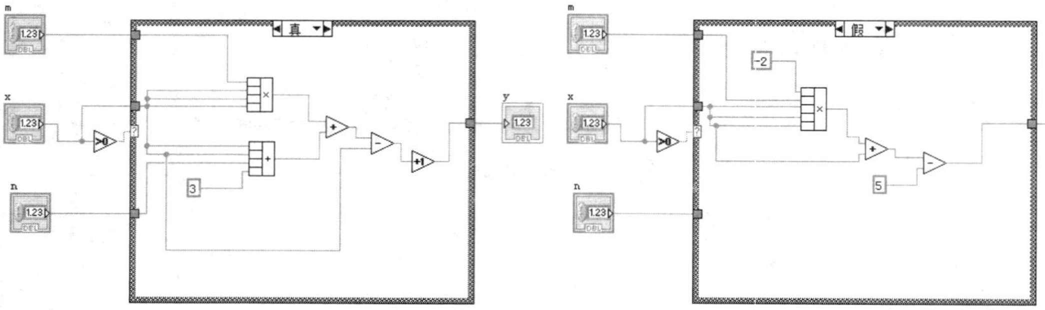

图 4.6.1　图形编程的数学公式

这里使用函数子选项板的复合运算函数使程序尽可能简洁，但是如果与图 4.6.2 所示的使用公式节点完成同样的功能的代码相比，则还是复杂得多。因此，使用公式节点可以直接输入复杂的公式或多个公式，而不必创建多段代码。

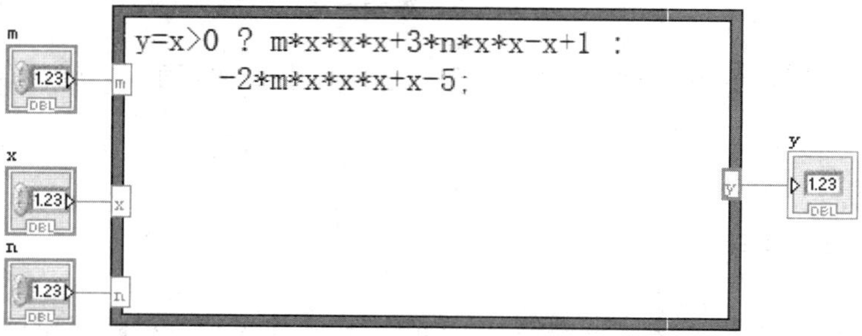

图 4.6.2　公式节点的数学计算

当然，利用公式节点有很多的便利，但也要求开发者具有较强的 C 语言开发能力。开发者具有越强的 C 语言开发能力，公式节点的功能越能发挥得更大。

4.6.2　公式节点的建立

公式节点的建立路径，在程序框图中右键弹出窗口中，选择“函数”→“编程”→“结构”→“公式节点”，该节点位于子选项板的第 3 行第 2 列；或在程序框图中右键弹出窗口中，选择“函数”→“数学”→“脚本与公式”→“公式节点”，该节点位于子选项板的第 1 行第 2 列。在程序框图中放置公式节点的方法以及公式节点边框大小的调整与其他结构是一样的。

使用编辑文本工具向公式节点中输入公式，也可以将符合语法要求的代码直接复制到公式节点中。一个公式节点可以有多个公式。

在公式节点边框上弹出右键快捷菜单，选择“添加输入”或“添加输出”命令为公式节点创建输入或输出接线端。一般，输入接线端添加在边框的左边，输出接线端添加在边框的右边，如图 4.6.2 所示。通过在接线端右键弹出的快捷菜单上，选择“转换为输出”或“转换为输入”命令，可以对输入/输出接线端数据流进行转换。在接线端的小方框内输入变量名。在公式节点中，变量名必须注意以下几点：

（1）变量名可以由字母和数字组成，字母要区分大小写。

（2）一个公式节点中包含的变量或方程的数量不限。

（3）输入端之间不能重名，输出端之间也不能重名，但是输入端可以和输出端重名。

（4）右键单击公式节点的边框，从快捷菜单中选择添加输入可声明一个输入变量。不可在公式节点内部声明输入变量。

（5）右键单击公式节点的边框，从快捷菜单中选择添加输出可声明一个输出变量。输出变量的名称必须与输入变量的名称或在公式节点内部声明的输出变量的名称相匹配。

（6）右键单击变量，从快捷菜单中选择转换为输入或转换为输出，可指定变量为输入或输出变量。

（7）公式节点内部可声明和使用一个与输入或输出连线无关的变量。

（8）必须连接所有的输入接线端。

（9）变量可以是浮点数值标量，其精度由计算机配置决定。变量也可使用整数和数值数组。

4.6.3　公式节点的使用

公式节点中的代码跟 C 语言代码相似，公式节点中可以声明变量，也可以使用 C 语言的语法，也可以添加语句注释，每个公式语句也是以分号结束。公式节点的变量可以与输入/输出接线端无关，但是变量不能有单位。

下面一段代码可以原样放进一个公式节点，在输出接线端输入变量名 numArry，连接到一个数组显示控件，程序运行后产生一个包含 100 个随机数的数组。

```
int i;
float numArry[100];
for（i=0；i<100；i++）
    numArry[i]=rand（）;
    //random number generator
```

公式节点中允许使用的函数名可以在即时帮助窗口中找到，而运算符、语法和函数的详细说明则需要在下一级的帮助窗口中才能找到。

公式节点中也可以使用类似于 C 语言的语句和结构，例如，break 语句、continue 语句、if-else 语句、do 循环、for 循环、case 语句等。

4.6.4　表达式节点的使用

在 LabVIEW 的程序框图右键弹出窗口中，选择“函数”→“数学”→“数值”→“表达式节点”，该节点位于子选项板的第 5 行第 6 列。表达式节点可以看做是一个简单的公式节点。公式节点的大部分函数和运算符在表达式节点中都可以使用。但是在表达式节点中不能使用 if-then、do-while 等结构化语句，也不允许使用递增、递减算子，语句结束时也不能使用分号。

表达式节点只有一个输入端口和一个输出端口，即表达式节点只能有一个输入和一个输出。可以使用操作工具和文本工具向表达式节点中输入数学表达式，边框大小随着输入公式的长短自动调整，左边端口连接输入端，右边端口连接输出端。对于问题，当 $x>0$，$y=x^3+3x^2-x+1$；当 $x<=0$，$y=-2x^3+x-5$。可以使用如图 4.6.3 所示的表达式节点来解决。

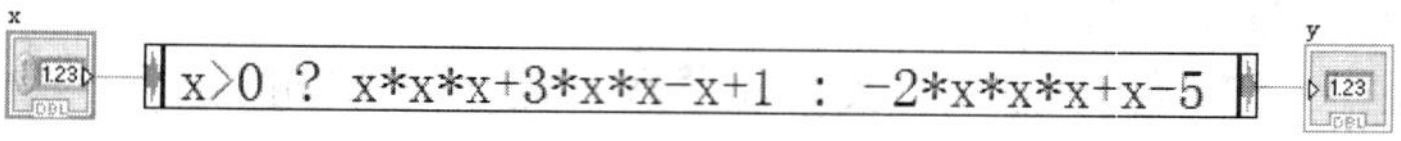

图 4.6.3　表达式节点的数学计算

表达式节点的输入还可以是数组和簇，表达式节点依次对数组或簇中的所有成员进行计算，然后对计算结果重新构成新的数组或簇输出。

4.7　控制前面板对象的属性

4.7.1　控件属性节点

控件的属性可以通过属性配置对话框和快捷菜单来设置前面板对象属性，这是在程序运行之前预定义的，它不能在程序运行过程中由某个逻辑条件触发而动态变化。但是在实际应用中，还经常需要实时、动态地改变前面板对象的颜色、大小、可见性和可用性等属性，达到最佳的人机交互效果。例如，在一个实时监控系统中，当出现参数超限或其他异常情况，需要提醒用户注意时，常常通过改变对象的颜色和闪烁来完成。在程序运行中根据逻辑条件自动控制前面板对象属性是通过属性节点来完成的。

4.7.2　控件属性节点的创建和设置

为前面板对象创建属性节点的简便方法如图 4.7.1 所示，在前面板对象或它的程序框图对应的图标上右键单击弹出快捷菜单，选择“创建”→“属性节点”命令，在下一级菜单中是该控件的全部属性，可以为它选择其中一个需要的属性，如图 4.7.1 所示选择了“闪烁”属性。创建后的属性节点如图 4.7.1 中间部分所示，它的标签与创建它的前面板对象相联系。在它的顶端有一对参数：“错误输入”和“错误输出”。这两个参数可以不连接。在它的下半部分，初始情况下出现一个属性项，属性名称是创建属性时选择的名称。图中，选择的是 Blinking（闪烁）。

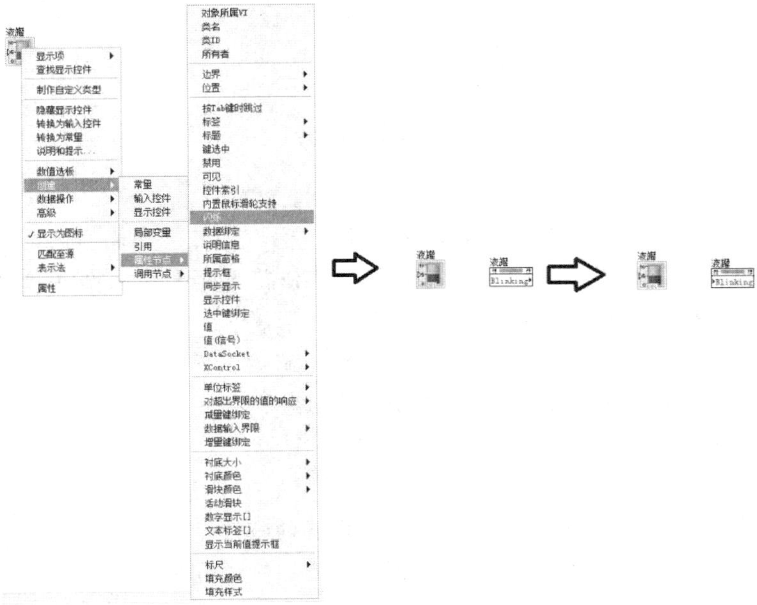

图 4.7.1　建立属性节点

用鼠标拖动属性节点上边框或下边框，缩放属性节点得到适当数目的属性节点接线端口后，就可以根据程序的具体需求来选择对哪一种属性进行操作。选择的方法是在属性节点的各个属性端口上依次右击，弹出右键快捷菜单，在“选择属性”子菜单中选择需要操作的属性，每个控件的属性是非常丰富的，不同控件的属性各不相同。

一个前面板对象可以创建多个属性节点。选择属性节点后，可以改变属性节点的数据流向。设置属性节点时，在右键快捷菜单中选择“全部转换为写入”命令，然后连线给各个属性接线端口。

4.7.3　控件属性节点应用实例

如图 4.7.2 所示，程序整体使用一个 While 循环，每隔 0.5 秒采集一个 0～1 的随机数，乘以 10 倍后，赋值给液罐。然后，对采集值进行判断，利用条件结构，大于等于 5 时，液罐的闪烁属性为真值，进行闪烁；小于 5 时，液罐的闪烁属性为假值，不闪烁。

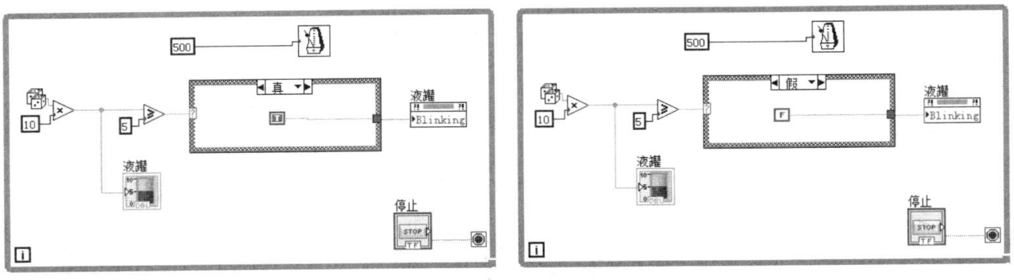

图 4.7.2　属性节点操作实例

控件的属性可以进行灵活控制，良好的属性控制，可以给用户提供非常友好的操作体验。

练习与思考

1. 用 For 循环产生一个 4 行 5 列的二维数组。

2. 编程求 1 000 以内的所有“水仙花数”。“水仙花数”是指一个 3 位数，它的各位数字的立方和等于它本身。例如，$371=3^3+7^3+1^3$。

3. 编写一个成绩分析程序：成绩为 0～59 时，显示“不及格”；成绩为 60～69 时，显示“及格”；成绩为 70～79 时，显示“中等”；成绩为 80～89 时，显示“良好”；成绩为 90～100 时，显示“优秀”。

4. 利用事件结构编写应用户登录程序。

5. 利用公式节点，编写一个求解一元二次方程的程序。

6. 在前面板上放一个压力表，指针读数在 0～255 之间随机变化，指针颜色按当前读数发生相应的变化。

第 5 章 子 VI 程序设计

理解与应用 VI 的层次结构是掌握 LabVIEW 编程的关键之一。在应用程序的结构设计阶段，从顶层的 VI 进行着手进行整体规划，按照任务书把复杂的需求划分为一系列简单任务，然后在细节设计阶段为每一个任务构建一个子程序。这样就可以实现程序的多人同时开发，也就使团队并行开发功能复杂的系统程序成为可能。因此，了解和掌握子 VI 程序的开发使用，十分重要。同时，LabVIEW 程序开发的学习，不仅仅是熟悉开发环境，学习基本的数据类型和结构，更重要的是掌握类型丰富、功能强大的系统子 VI。

本章内容主要是在简单介绍系统子 VI 后，详细讲解 LabVIEW 中用户子 VI 的设计与使用。

本章重点：

- 关于 LabVIEW 的子 VI；
- LabVIEW 的系统子 VI；
- 子 VI 的设计步骤；
- 子 VI 的接线端设计；
- 子 VI 的调用。

5.1 LabVIEW 的子 VI

5.1.1 什么是子 VI

LabVIEW 环境中任何一个 VI 都可以被其他 VI 作为子 VI 调用。子 VI 就是 LabVIEW 环境中的功能集合体，可以包含多个输入参数和输出参数，也可以只包含输入参数或输出参数。

子 VI 有什么好处呢？在程序设计中，将一些常用的、相对独立的功能编写成子 VI，可以把一个大问题的求解代码分割成一个个小的模块。这些子 VI 可以被多次调用，如像工业中的标准配件一样，这样可以实现代码的重用，减少重复编写代码的工作量，降低程序的冗余度，从而使程序变得简练、便于调试和维护。这样，不仅仅可以实现复杂程序的团队并行开发，缩短程序的开发时间，还可以减少模块之间的耦合度，增强单个模块的内聚性。同时，可以为程序调试带来更为明确的错误定位界限，可以快速定位问题出现在某个子 VI 中，由负责这个子 VI 的开发人员进行功能调试，使调试效率得以提高。另外，子 VI 设计为整个程序的更新换代和局部优化带来了便利，在保留程序的其他部分不变的情况下也可以使用优化后的子 VI 替换掉原来的子 VI。

5.1.2 子 VI 的种类

LabVIEW 是图形化的开发环境，编写程序可以通过节点间连线来完成。它的子 VI 与其他字符语言开发环境中的函数类似，是可能包含参数的功能集合体。与大家熟知的其他开发环境 Visual Studio、Eclipse、Matlab 等一样，学习和使用某种开发工具，不仅仅要熟悉开发环境、学习基本语法，更为重要的是学习和掌握该工具类型丰富、功能强大的 API。熟悉开发环境、掌握基本语法、掌握尽量多的 API，是入门一个开发环境的必备要素，后继的学习则是不断打磨和提升学习者在某个行业领域使用该开发环境的能力，甚至成为行业专家。

API（Application Programming Interface，应用程序编程接口）是一些预先定义的函数，目的是提供应用程序与开发人员基于某软件或硬件得以访问一组例程的能力，而又无需访问源码，或理解内部工作机制的细节。

LabVIEW 不仅提供了方便的图形化编程环境，也同样提供了类型丰富、功能强大的子 VI。LabVIEW 的子 VI，分为用户子 VI 和系统子 VI。用户子 VI 就是用户根据实际需要编写的功能集合体。用户子 VI 一般是与某个行业结合非常紧密的集合体。多次开发某个行业的应用，逐渐提炼出这个行业的基本应用模块，形成该行业的开发框架和功能子 VI 库，开发框架和功能子 VI 库都可以重复使用，可以大大提高行业开发效率和提升行业开发性能。系统子 VI 则是更为通用的功能子 VI，属于开发环境的基础设施，基础设施完备与否，也很大程度决定了该开发环境的生存寿命。LabVIEW 提供了类型丰富、功能强大的子 VI，包含测量、仪器、数学、信号处理、数据通信、互连接口等。LabVIEW 与 Visual Studio、Matlab 等开发环境一样历史悠久，生命力旺盛。这些开发环境都在各自的领域具有行业的标准性，不仅仅开发环境友好，更重要的是具有类型丰富的专家级功能模块，Visual Studio 具有强大的 API，Matlab 具有强大的矩阵运算，LabVIEW 则具有系统子 VI。

5.2 功能强大的系统子 VI

LabVIEW 提供了功能强大的系统子 VI，分布在程序框图开发环境的各个子功能选项板中和系统安装目录中。其中，安装目录 XXX\National Instruments\LabVIEW 2014\vi.lib 里面包含丰富的系统 VI，使用者可以慢慢研究使用。本节主要是粗略地介绍一下程序框图提供几类的系统子 VI，如图 5.2.0 所示。所以，本节的学习顺序没有先后的要求。可以根据实际需要选择性学习。

LabVIEW 在程序框图提供的系统子 VI 如图 5.2.1 所示。在程序框图中右键弹出窗口，包含编程、测量 I/O、仪器 I/O、数学、信号处理、数据通信、互连接口和 Express 等。每一个子选项板都是某一个方面的功能集合，都需要大量篇幅才可能介绍得清楚。本节只是进行简单介绍，使用者可根据自己的实际情况，查找到资料，对某一个或某一些功能集合进行深入学习。

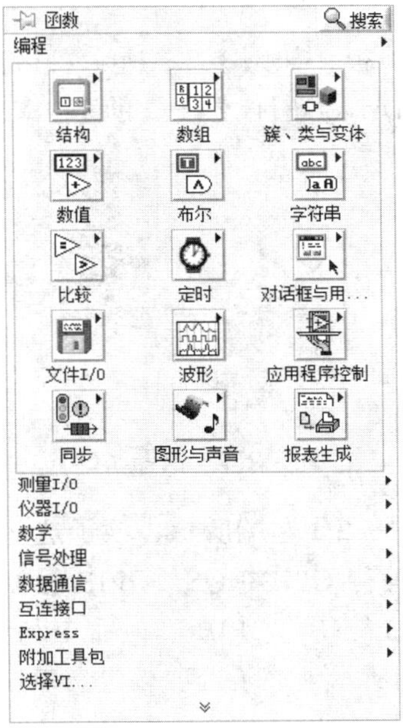

图 5.2.1　系统子 VI

5.2.1　测量 I/O

LabVIEW 的测量 I/O 子选项板，如图 5.2.2 所示。该功能子选项板包含系统配置和 NI 扫描引擎。

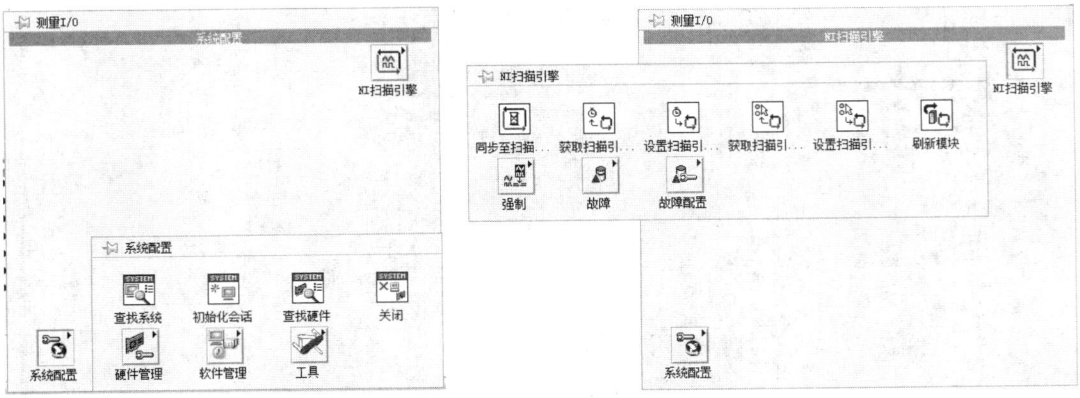

图 5.2.2　测量 I/O

系统配置子选项板如图 5.2.2 左端所示，该子选项板包含系统配置的常见功能子 VI，如查找系统、初始化会话、查找硬件、关闭系统、硬件配置子选项板、软件管理子选项板、工具子选项板。

5.2.2　仪器 I/O

LabVIEW 的仪器 I/O 子选项板，如图 5.2.3 所示。该功能子选项板包含五个有关仪器 I/O 的子选项板，如 Instrument Drivers、仪器 I/O 助手、VISA、GPIB 和串口。

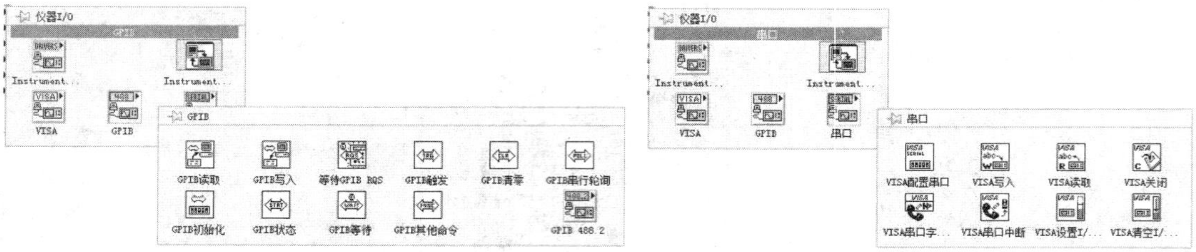

图 5.2.3　仪器 I/O

GPIB 仪器 I/O 子选项板如图 5.2.3 左端所示，该子选项板包含 GPIB 的常见功能子 VI，如 GPIB 读取、如 GPIB 写入、等待 GPIB RQS、GPIB 触发、GPIB 清零、GPIB 串行轮询、GPIB 初始化、GPIB 状态、GPIB 等待、GPIB 其他命令和 GPIB 488.2 子选项板。

串口子选项板如图 5.2.3 右端所示，该子选项板包含串口操作的常见功能子 VI，如 VISA 配置串口、VISA 写入、VISA 读取、VISA 关闭、VISA 串口字节数、VISA 串口中断、VISA 设置 I/O 缓冲区大小和 VISA 清空 I/O 缓冲等。

5.2.3　数　学

LabVIEW 的数学子选项板，如图 5.2.4 所示。该功能子选项板包含 9 个有关数学的子选项板，如数值、初等与特殊函数、线性代数、拟合、内插与外推、积分与微分、概率与统计、最优化、微分方程、几何、多项式和脚本与公式。

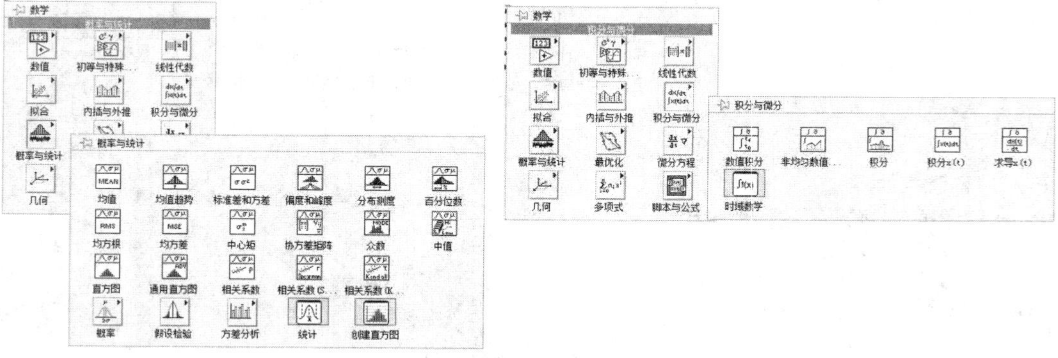

图 5.2.4　数学子选项板

概率与统计子选项板如图 5.2.4 左端所示，该子选项板包含概率与统计的常见功能子 VI，如均值、均值趋势、标准差与方差、偏度与峰值、分布测度、百分位数、均方根、均方差、中心矩、协方差矩阵、众数、中值、直方图、通用直方图、相关系数、概率选项板、假设检验选项板、方差分析选项板等。

积分与微分子选项板如图 5.2.4 右端所示，该子选项板包含微分与积分的常见功能子 VI，如数值积分、非均匀数值积分、积分、积分 x（t）、求导和时域数学等。

5.2.4　信号处理

LabVIEW 的信号处理子选项板，如图 5.2.5 所示。该功能子选项板包含九个有关信号处理的子选项板，如波形生成子选项板、波形调理子选项板、波形测量子选项板、信号生成子选项板、信号运算子选项板、窗子选项板、滤波器子选项板、谱分析子选项板和变换子选项板。

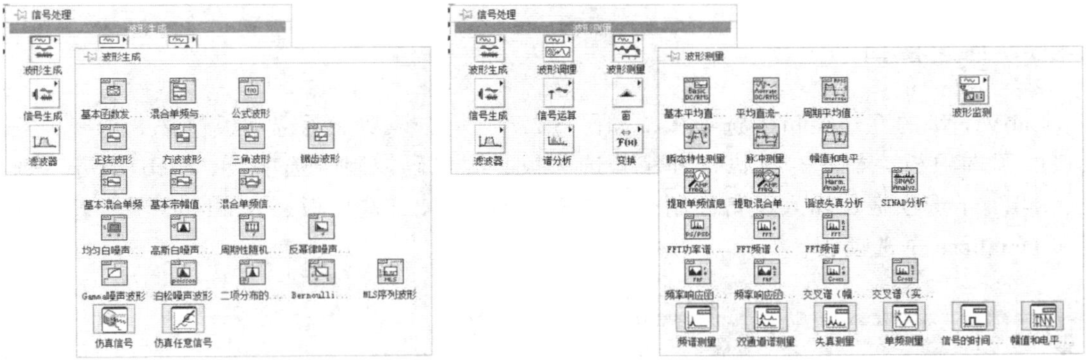

图 5.2.5　信号处理

波形生成子选项板如图 5.2.5 左端所示，该子选项板包含波形生成的常见功能子 VI，如基本函数发生器、混合单频与噪声波形、公式波形、正弦波形、方波波形、三角波形、锯齿波形、均匀白噪声波形、高斯白噪声波形、泊松噪声波形、仿真信号、仿真任意波形等。

波形测量子选项板如图 5.2.5 右端所示，该子选项板包含波形测量的常见功能子 VI，如基本平均直流-均方根、平均直流-均方根、周期平均值和均方根、瞬态特性测量、脉冲测量、幅值和电平、提取单频信息、提取混合单频信息、谐波失真分析和波形监理等子选项板等。

5.2.5　数据通信

LabVIEW 的数据通信子选项板，如图 5.2.6 所示。该功能子选项板包含 9 个有关数据通信的子选项板，如共享变量子选项板、网络流子选项板、局部变量、全局变量、队列操作子选项板、同步子选项板、DataSocket 子选项板、协议子选项板和操作者框架子选项板。

DataSocket 子选项板如图 5.2.6 左端所示，该子选项板包含 DataSocket 的常见功能子 VI，如读取 DataSocket、写入 DataSocket、DataSocket 选择 URL、打开 DataSocket、关闭 DataSocket 等。

协议子选项板如图 5.2.6 右端所示，该子选项板包含各种协议的功能子选项板，如 TCP 子选项板、UDP 子选项板、串口子选项板、IrDA 子选项板、蓝牙子选项板、SMTP Email 子选项板、HTTP 客户端子选项板、FTP 子选项板和 WebDAV 子选项板。

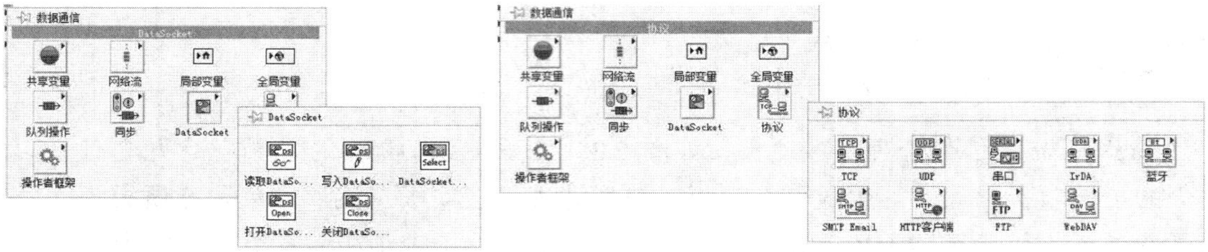

图 5.2.6 数据通信

5.2.6 互连接口

LabVIEW 的互连接口子选项板，如图 5.2.7 所示。该功能子选项板包含 8 个有关互连接口的子选项板，如库与可执行程序子选项板、源代码控制子选项板、Web 服务子选项板、.NET 子选项板、输入设备控制子选项板、ActiveX 子选项板、Windows 注册表子选项板和 Database 子选项板。

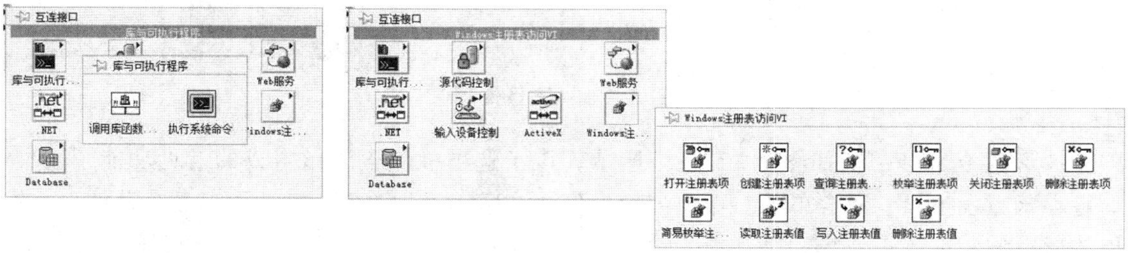

图 5.2.7 互连接口

库与可执行程序子选项板如图 5.2.7 左端所示，该子选项板包含调用库函数和执行系统命令两个子 VI。

Windows 注册表子选项板如图 5.2.7 右端所示，该子选项板包含操作 Windows 注册表的各种功能子 VI，如打开注册表项、创建注册表项、查询注册表项、枚举注册表项、删除注册表项、简易枚举注册表值、读取注册表值、写入注册表值和删除注册表值。

5.2.7 Express

LabVIEW 的 Express 子选项板，如图 5.2.8 所示。该功能子选项板包含 6 个有关 Express

的子选项板，如输入子选项板、信号分析子选项板、输出子选项板、信号操作子选项板、执行过程控制子选项板和算术与比较子选项板。

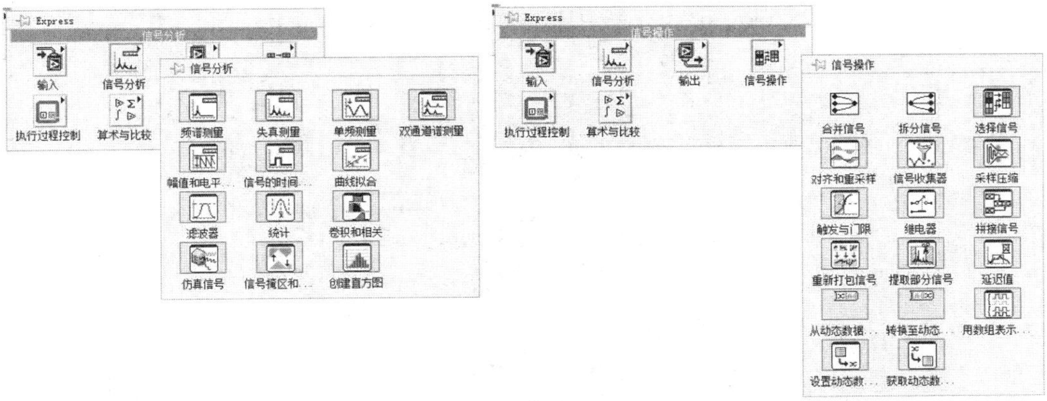

图 5.2.8　Express

信号分析子选项板如图 5.2.8 左端所示，该子选项板包含频谱测量、失真测量、单频测量双通道谱测量、幅值和电平测量、信号的时间与瞬态特性测量、曲线拟合、滤波器、统计、卷积和相关、仿真信号、信号掩区和边界测量、创建直方图。

信号操作子选项板如图 5.2.8 右端所示，该子选项板包含操作合并信号、拆分信号、选择信号、对齐和重采样、信号收集器、采样压缩、触发与门限、继电器、拼接信号、重新打包信号、提取部分信号、延迟值、从动态数据转换、转换至动态数据、用数组表示数字信号集、设置动态数据属性和获取动态数据属性。

5.3　子 VI 的设计与使用

5.3.1　子 VI 的功能设计

LabVIEW 中子 VI 的设计与普通的 VI 设计绝大多数部分都是相同的，尤其是在 VI 的功能设计上。最大的不同，就是子 VI 需要传递参数，这个功能通过连线板设计来完成。

为了清楚地说明子 VI 设计过程和调用过程，本节以求解两个整数的商和余数为目标实例。

1. 前面板设计

如图 5.3.1 所示为求解两个整数的商和余数的前面板设计。

图 5.3.1 中的控件主要为整数型控件。左端“被除数 1”和“除数 1”分别为被除数和除数的输入端，其类型都为数值型滑动杆。通过其属性设置面板，“被除数 1”数据类型设置为无符号 32 位整数（U32），标尺范围设置为 0 到 100；“除数 1”数据类型为无符号 32 位整数，标尺设置为 1 到 10。当然，这些设置都可以根据实际需要进行设置。

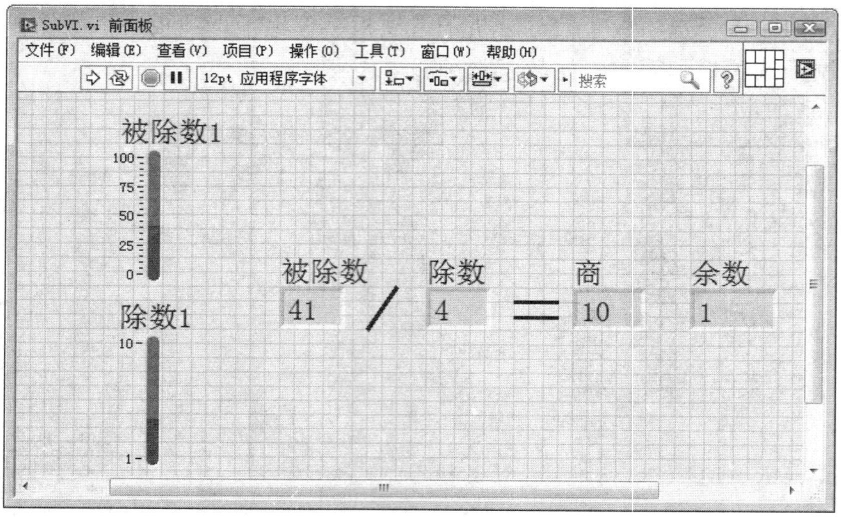

图 5.3.1 求解商和余数前面板

图 5.3.1 中，被除数、除数、商和余数均为数值显示控件。除法符号为一根粗斜线，等号为两根粗横线。其创建路径为，前面板窗口上右键弹出窗口，选择“控件”→“新式”→“修饰”，第 2 行第 1 列。

2. 程序框图设计

如图 5.3.2 所示为求解两个整数的商和余数的程序框图设计。

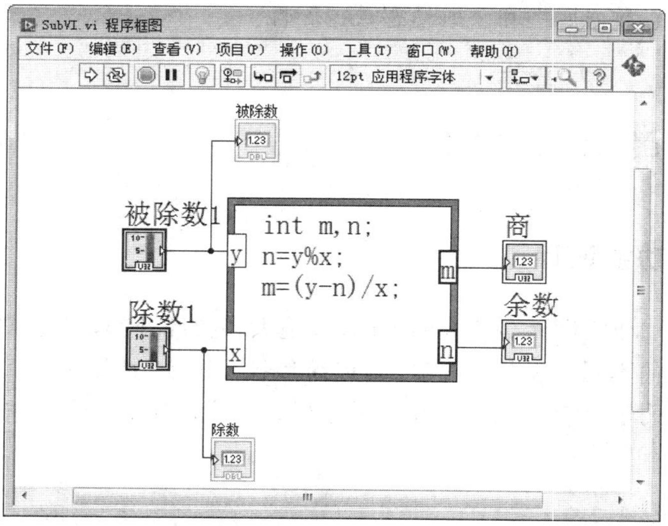

图 5.3.2 求解商和余数程序框图

在图 5.3.2 中，“被除数 1”和“除数 1”分别对应前面板上的两个输入滑动杆，分别为被除数和除数的输入；其余的四个图标“被除数”“除数”“商”和“余数”，分别对应前面板上的四个数值显示控件。图 5.3.2 中间部分为一个公式节点，公式节点中用 C 语言实现商和余数的求解。

图 5.3.2 的连线中，“被除数 1”连接“被除数”，显示“被除数”的值，同时为公式节点中的输入变量 y 提供值；“除数 1”连接“除数”，显示“除数”的值，同时为公式节点中的输入变量 x 提供值；公式节点根据输入的被除数 y 和除数 x，分别求解商为 m，余数为 n；m 作为公式节点的输出变量连接到商，显示商值；n 作为公式节点的输出变量连接到“余数”，显示“余数”的值。

求解两个整数的商和余数的子 VI 功能设计完成，点击前面板左上角的“连续运行”按钮，可以调试程序的功能，其运行界面如图 5.3.3 所示。滑动“被除数 1”或者“除数 1”，改变“被除数”或“除数”，“商”和“余数”会随之改变。

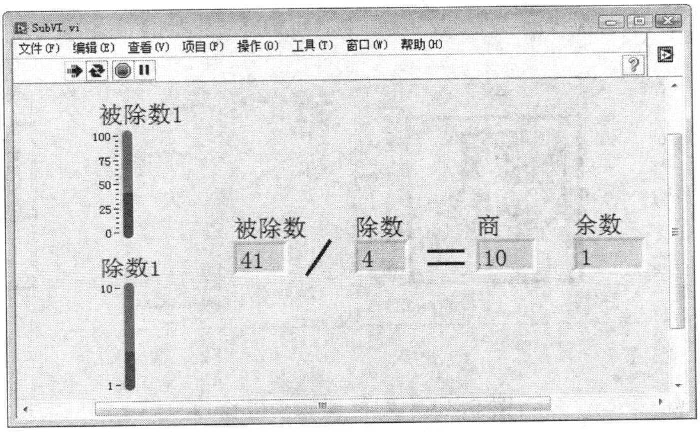

图 5.3.3　求解商和余数运行结果

一个 VI 的功能完成以后，要使之变成一个真正意义上的子 VI，还需要设计其图标和连续板。

5.3.2　子 VI 的图标设计

子 VI 图标可以使用默认值，无需任何设计。当然，一个功能鲜明的子 VI 应该进行认真的图标设计。右键单击程序前面板右上端的 LabVIEW 默认图标，在弹出菜单中选择“编辑图标”命令，就能弹出图标编辑器窗口，如图 5.3.4 所示。

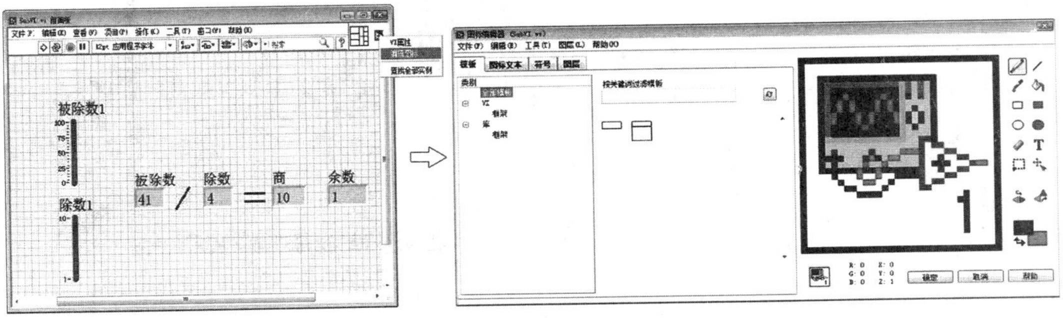

图 5.3.4　图标编辑窗口

图 5.3.4 右部分所示的图标编辑窗口中，功能非常丰富。图标编辑窗口整体分为两个部分，左半部分为功能区，右半部分为图标的图形编辑部分。

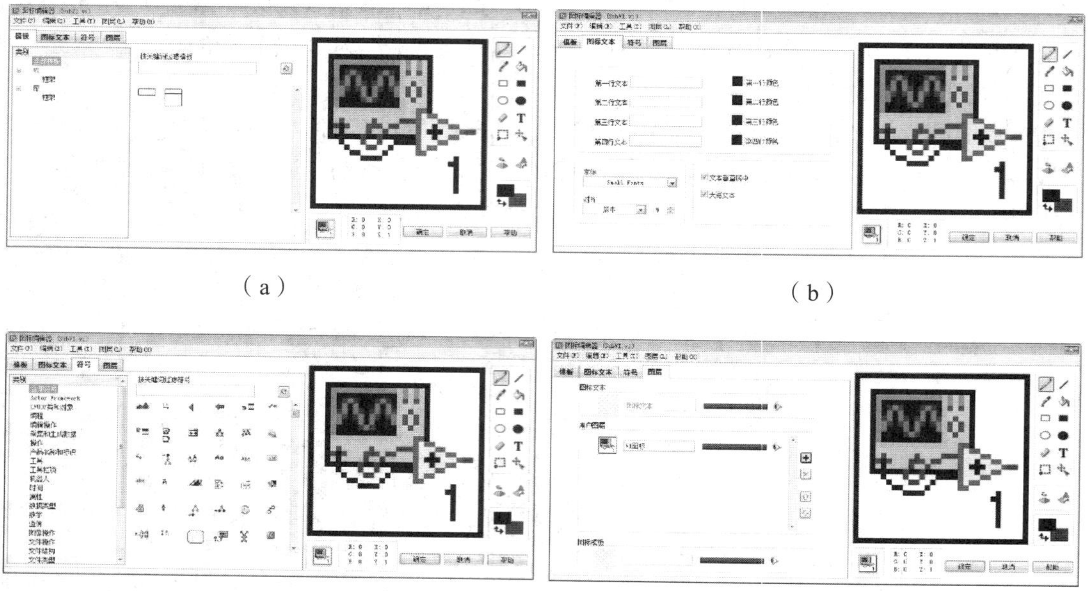

（a）　（b）　（c）　（d）

图 5.3.5　图标编辑功能窗口

如图 5.3.5 所示，左上窗口为模板窗口，右上窗口为图标文本窗口，左下窗口为符号窗口，右下窗口为图层窗口。有需要的读者，可以慢慢研究这些窗口的功能。在这里，如图 5.3.6 所示，我们直接用窗口右端的图标编辑工具中的选择工具②，选中全部编辑区域④，按下键盘上的 del 键，清除掉原来所有的图标，在右端符号标签①下，全部图标区域③选择一个自己认可的图标，最后在图标编辑区④调整一下图标位置，即可得到需要的图标。

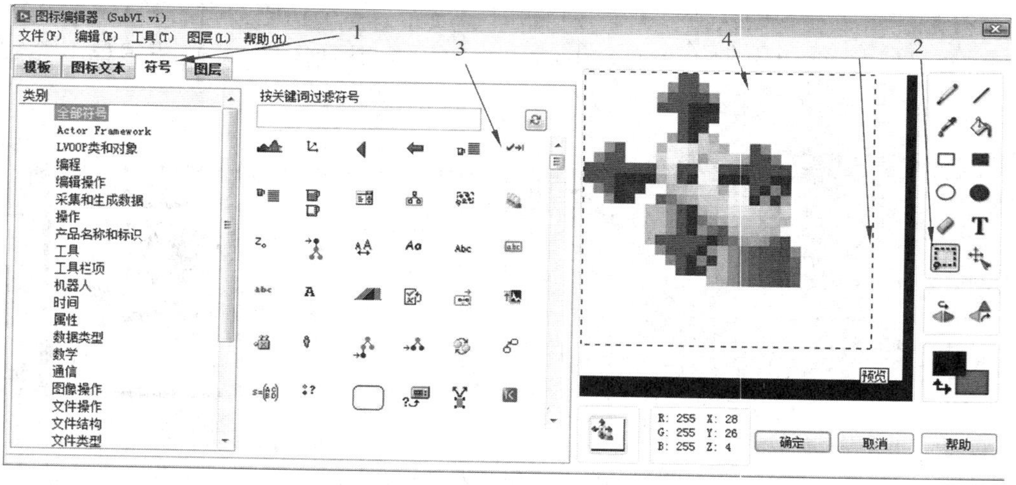

图 5.3.6　图标编辑功能窗口

5.3.3　子 VI 的连线板设计

LabVIEW 中的子 VI 可以带入多个参数，也可以带回多个运行结果。在我们刚才的子 VI 实例中，需要两个输入参数，分别是被除数和除数；有两个返回结果，分别是商和余数。在子 VI 的前面板右上部分，有一个接线端编辑图标，如图 5.3.7 中②所示，用鼠标点击接线端编辑图标，弹出编辑接线端菜单如图 5.3.7 所示。菜单中包含添加接线端、删除接线端、模式、旋转 90 度、水平翻转、垂直翻转、断开连接全部接线端、断开连接本接线端和接线类型。我们的实例需要两个输入参数和两个输出参数，所以选择两个输入和两个输出的模式①。

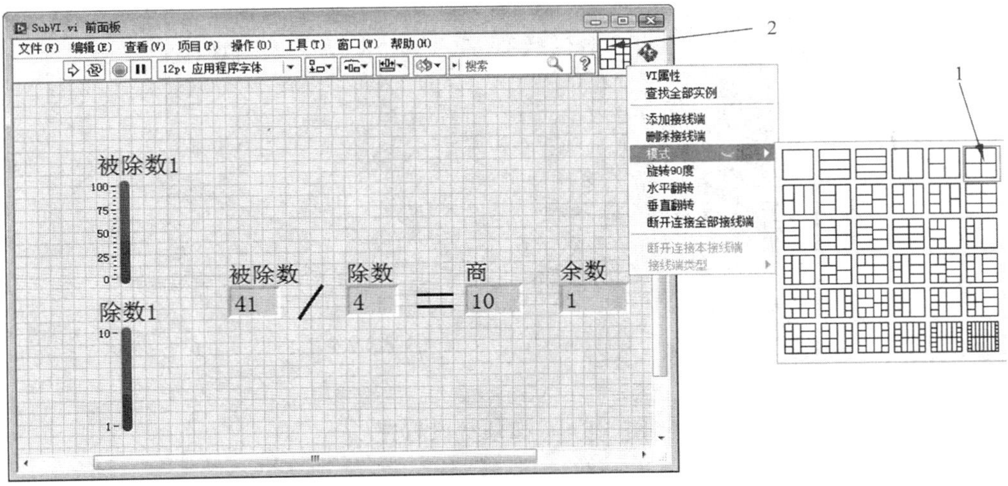

图 5.3.7　连线板模式选择

如图 5.3.8 所示，选择了两个输入接线端和两个输出接线端的接线板模式。当然，输入接线端和输出接线端都可以使用菜单命令进行增减。

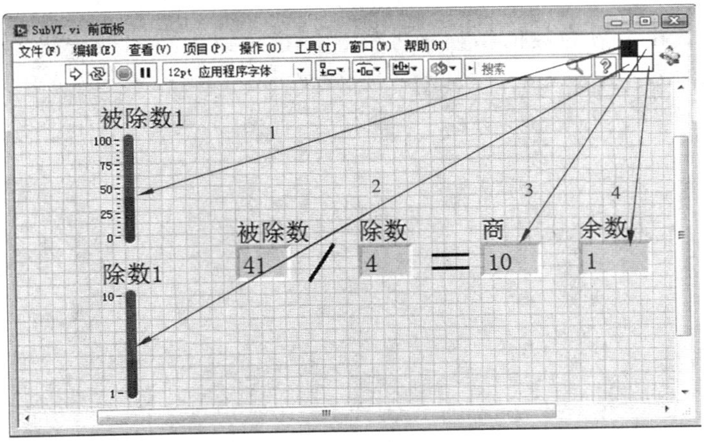

图 5.3.8　连线端与控件连线

在图 5.3.8 中，用鼠标选择接线板的左上角的方框，鼠标形状变成线框形状，然后用线框形状的鼠标点击前面板上的被除数 1 滑动杆，这样就把接线框的左上方框与被除数 1

的滑动杆建立起了连接关系，如图 5.3.8 的箭头①线所示。左上角的接线框与整数型控件相关联，所以颜色就变为了蓝色。其余未建立关联的接线端还保持空白色。一般来说，接线板的左侧为输入接线端，右侧为输出接线端。左下接线端方框连接除数 1 滑动杆，如箭头②所示。右上接线端方框连接商显示数值框，如箭头③所示。右下接线端方框连接余数显示数值框，如箭头④所示。

如图 5.3.9 所示，接线端与控件连接设置完成后，颜色随之改变成相应数据类型的对应颜色，也就可以作为输入输出参数接线端。子 VI 通过图标编辑和接线端设计，并没有改变其原始的功能，依然可以作为独立的 VI 运行使用。

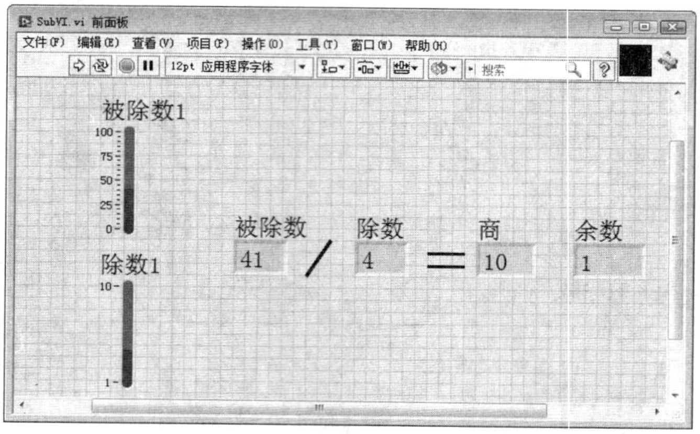

图 5.3.9　接线板设置完成

5.3.4　子 VI 的调用

子 VI 的调用是在主 VI 里发生的。这里，我们设计一个主 VI，其前面板如图 5.3.10 所示。最外层为一个界面修饰平面框，被除数和除数均为数值型滑动杆，调整除数的显示范围为 1 到 10，商和余数为数值型显示控件，停止按钮为布尔型按钮。

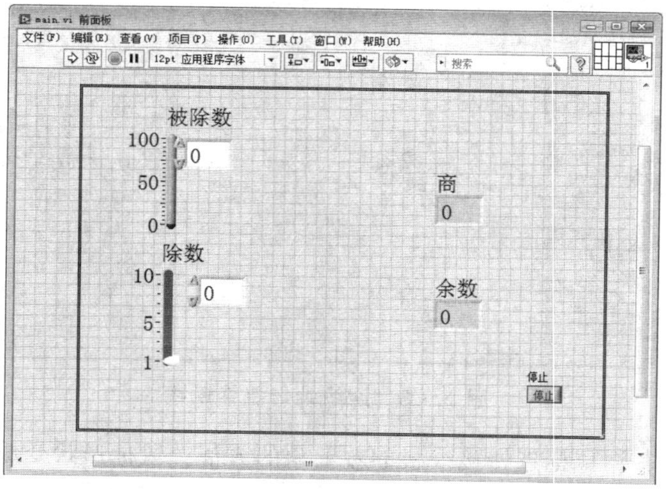

图 5.3.10　主程序前面板设计

按下“Ctrl+E”或用菜单切换到主程序的程序框图，被除数、除数、商、余数和停止按钮分别对应前面板上的控件，只需要添加一个 While 循环，最后主程序的程序框图如图 5.3.11 所示。在程序框图中右键单击弹出函数窗口，选择其中的“选择 VI”命令，找到刚才设计的子 VI。实际效果如图 5.3.12 所示，图中的图标就是求解商和余数的子 VI。我们设计了两个输入端和两个输出端，因此，图标左端有两个接线端，图标右端也有两个接线端。鼠标移动到接线端变为线框图标时，会显示接线端的标签名称。如图 5.3.13 所示，在主程序的程序框图中，“被除数”“除数”“商”“余数”都进行了连线。

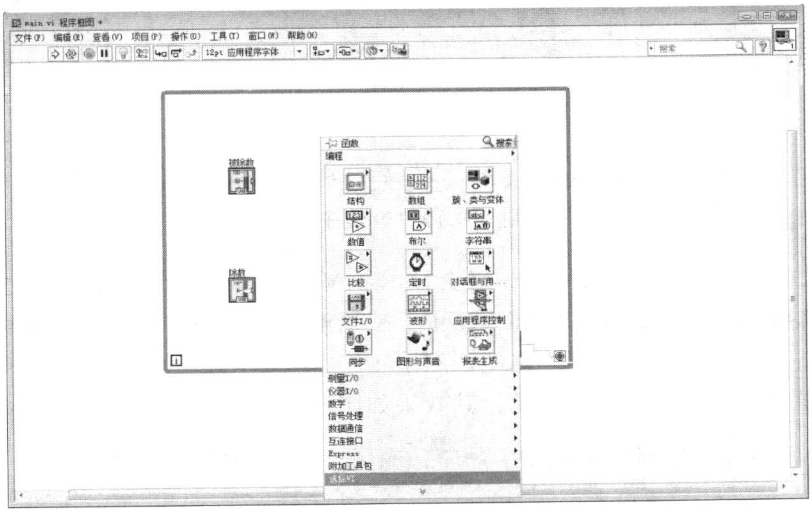

图 5.3.11　调用子 VI 命令

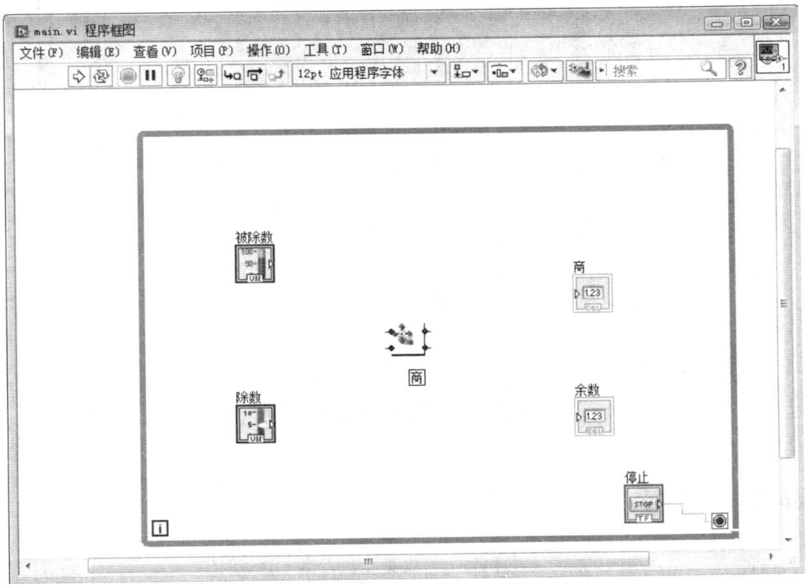

图 5.3.12　调用子 VI

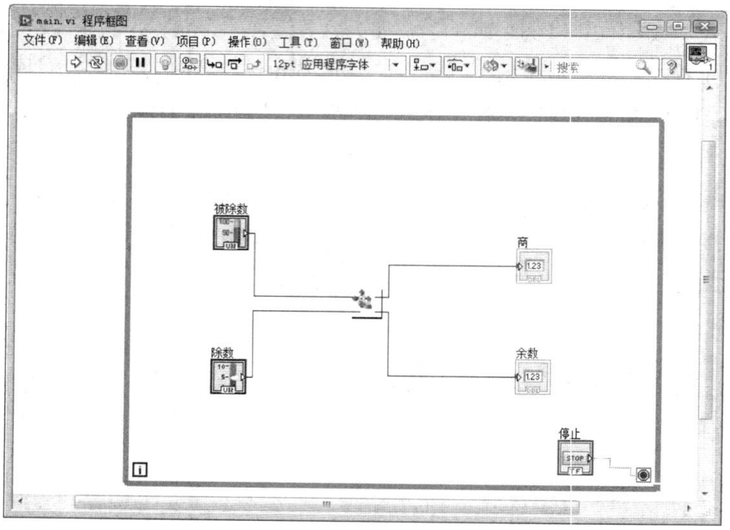

图 5.3.13 连线子 VI

在图 5.3.13 中，双击子 VI 图标，将会显示子 VI 的编辑窗口，可以对子 VI 进行修改。如果进行了比较大的改动，比如增加或减少了接线端，主程序中的子 VI 图标有可能变为灰色，这时，需要按前面的步骤，重新调用子 VI。

回到主程序前面板，运行主程序，其效果如图 5.3.14 所示。

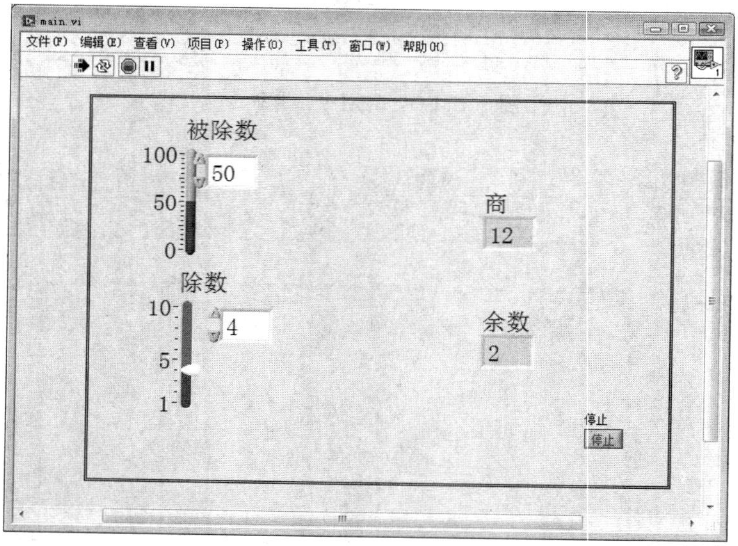

图 5.3.14 主程序运行效果

5.3.5 子 VI 节点设置

在图 5.3.15 中，右键单击子 VI 图标，将会弹出右键菜单，其中的“设置子 VI 节点”将弹出右端的“子 VI 节点设置”窗口。前面的子 VI 调用完全采用子 VI 的默认设置，子

VI 只是作为一个普通的函数加载进内存，并不显示子 VI 前面板，在内存中完成功能，随着主程序的退出而退出。

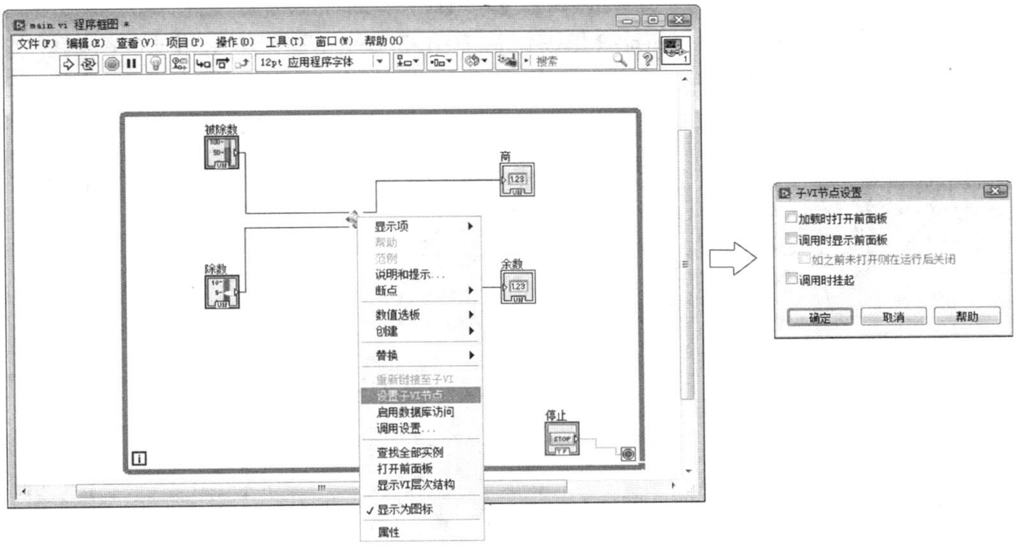

图 5.3.15　子 VI 节点设置

在图 5.3.15“子 VI 节点设置”窗口中有三个选项，其中最为有用的是第二个选项，调用时显示前面板。这个选项，可以实现 LabVIEW 的多窗口程序模式。这种模式下，主程序相当于只是一个多功能控制台，利用事件结构，按下不同的功能键，弹出对应的功能子 VI 窗口，各个子 VI 之间的耦合度必须非常松散。

如图 5.3.16 所示，主程序窗口设置了四个功能按钮分别对应四个功能，停止按钮对应主程序的退出功能。

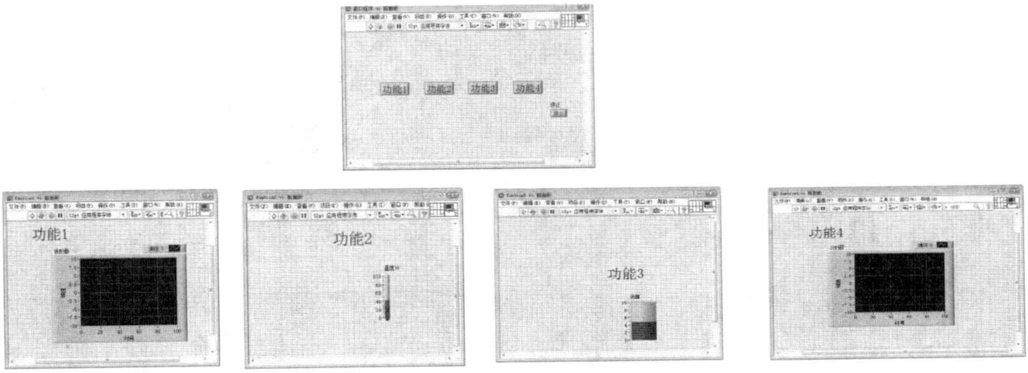

图 5.3.16　多窗口程序前面板设计

如图 5.3.17 所示，主程序的程序框图中，总体使用一个 While 循环，中间部分为事件结构，前四个事件对应四个功能窗口，最后一个事件对应停止按钮的退出功能，需要在事件窗口中添加一个布尔常量 TRUE 值，连接到 While 循环的退出接线端。其中，需要注意的是，四个功能事件中的子 VI 调用不能使用默认设置。按前面的步骤调用子 VI 后，需要右键单击子 VI 图标弹出菜单“设置子 VI 节点”，在弹出的“子 VI 节点设置”窗口中，选择第二项“调用时显示前面板”。这样，在多窗口程序的前面板上运行程序，就能得到如图 5.3.18 所示的运行效果。点击“功能 1”按钮，弹出“功能 1”窗口，其他三个功能与此类似。四个子 VI 窗口可以同时显示，类似于非模态窗口。当点击主窗口的“退出”按钮时，整个程序退出，包括子窗口。

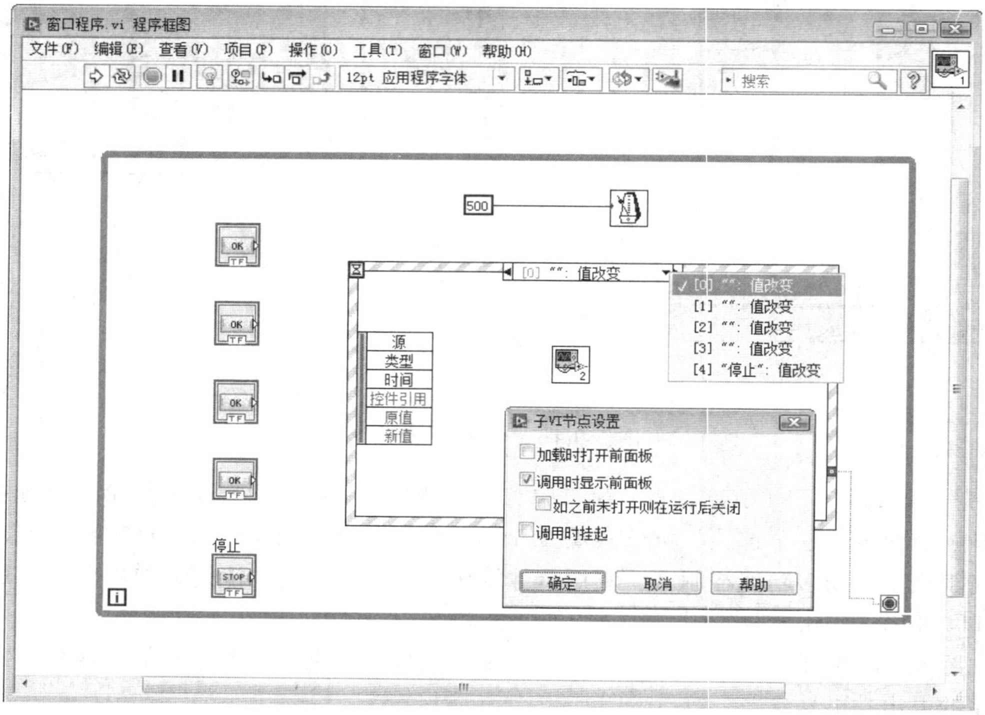

图 5.3.17 事件结构和子 VI 调用设置

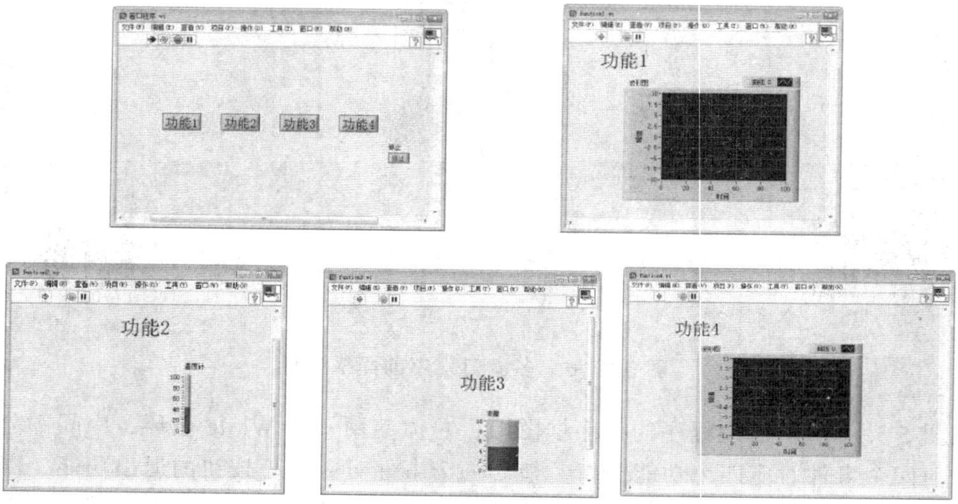

图 5.3.18 多窗口程序运行结果

练习与思考

1. 认识什么是子 VI。
2. 掌握子 VI 的种类。
3. 掌握功能强大的系统子 VI，尤其是数学子 VI、数据通信子 VI 等。
4. 掌握子 VI 的设计过程和步骤，尤其是连线板设计。
5. 掌握子 VI 的调用过程。

第 6 章 局部变量与全局变量

LabVIEW 作为一个优秀的虚拟仪器开发平台，在数据通信方面，提供了多种功能强大的工具和方便灵活的方法。本章主要介绍两种最简便的方式，局部变量和全局变量。局部变量与前面板上已有的某一个控件相联系，用于在同一个程序的不同位置访问同一控件，实现一个程序内传递数据。全局变量是用于在不同的程序之间传递数据，这些程序可以是并行的，也可以是不便于通过接口传递数据的主程序和子程序。

本章比较全面的介绍 LabVIEW 中的局部变量和全局变量的设置和使用。

本章重点：

- 建立局部变量；
- 使用局部变量；
- 建立全局变量；
- 使用全局变量；
- 使用全局变量的注意事项。

6.1 局部变量

6.1.1 LabVIEW 的局部变量

LabVIEW 编程是通过连线方式来进行数据传递的，但当需要在程序框图中多个位置访问同一个前面板对象时，也会遇到连线的困难或造成连线混乱不清。局部变量是用来在一个 VI 内部传递数据，它不仅可以解决连线的困难，而且可以在对同一个控件的多次访问中有些对它写入数据，有些从它读取数据。这样，不管是显示控件还是输入控件，都可以通过局部变量同时实现写入和读取功能。

6.1.2 建立局部变量

LabVIEW 中创建局部变量有两种方式，一种是通过函数选项板建立局部变量，另外一种是直接为前面板对象建立局部变量。

1. 通过函数选项板建立局部变量

在函数选项板的“数据通信”子选项板中可以找到局部变量节点，如图 6.1.1 所示。在程序框图中右键单击弹出窗口中，选择“函数”→“数据通信”选项板，其中局部变量位于第 1 行第 3 列。

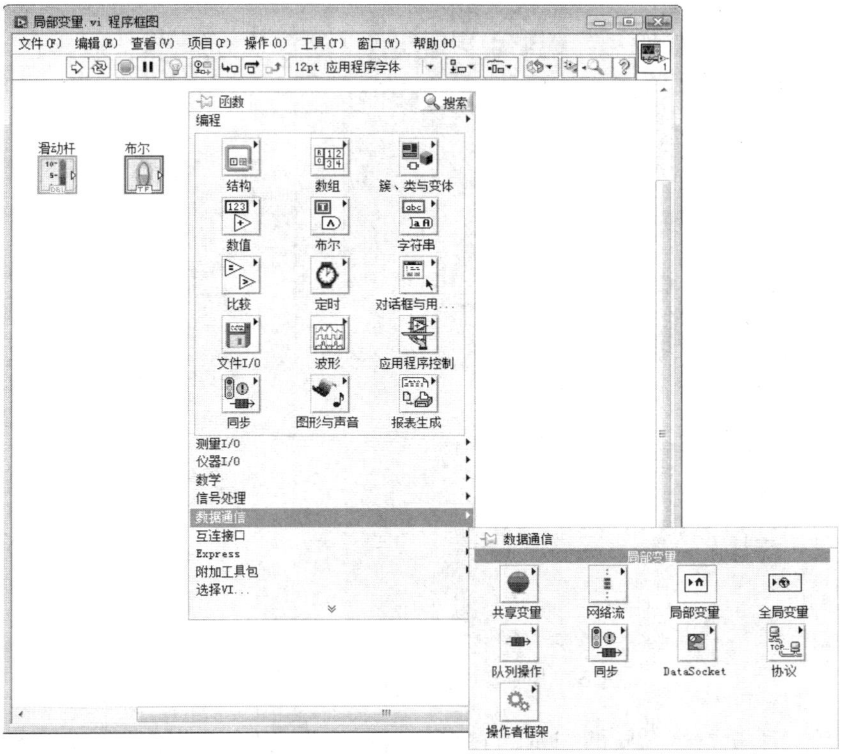

图 6.1.1　函数选项板建立局部变量

如果在程序前面板中已经建立了一些对象，在程序框图中用图 6.1.1 所示的方法选取局部变量节点放入程序框图中，这时的局部变量并没有与具体控件相关联。如图 6.1.2 所示，前面板有三个控件，在程序框图中把鼠标移动到局部变量节点的问号位置，鼠标变为手型，点击鼠标，弹出菜单，菜单中就包含放置的控件。选择某一个选项，局部变量就与之相对应的控件相关联，颜色也随之改变。

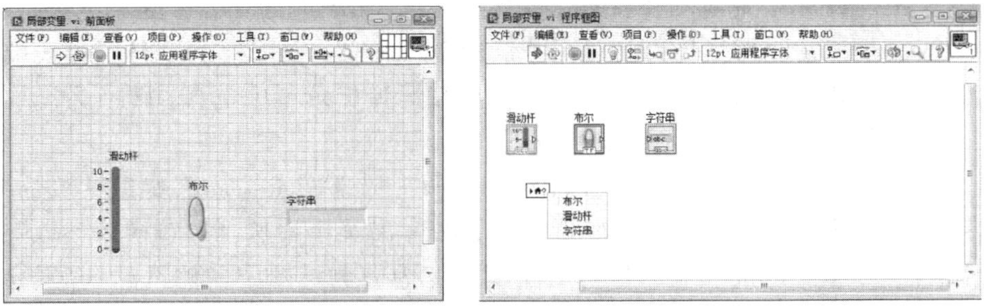

（a）　　（b）

图 6.1.2　控件与局部变量关联

2. 直接为前面板对象建立局部变量

这是一种建立局部变量最简单的方法。如图 6.1.3 所示，在前面板控件或程序框图中右键单击弹出快捷菜单，然后选择“创建”→“局部变量”。滑动杆的局部变量节点将自动出现在程序框图中。

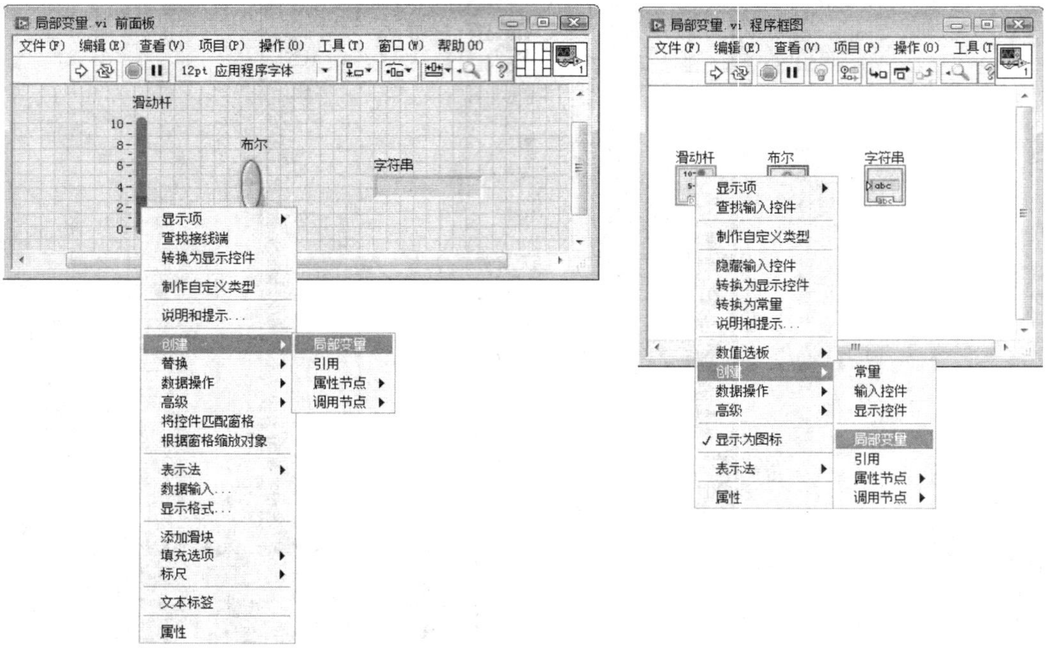

图 6.1.3 直接为控件建立局部变量

无论用哪一种方法建立局部变量，它都是通过控件的标签与控件相联系的。因此，必须明确为前面板填写标签，当然，也可以使用默认标签。另外，可以为一个前面板控件建立多个局部变量。

6.1.3 使用局部变量

通过局部变量，既可以向它的前面板控件写数据，也可以从它的前面板控件读取数据，而不必考虑这个控件原来是显示控件还是输入控件。当局部变量是“写入”状态时，图标左侧显示接线端小三角，而当局部变量是“读取”状态时，在图标右侧显示接线端小三角，局部变量的这两种状态是可以改变的，方法是从右键弹出菜单中选择“转换为读取”或“转换为写入”命令。

如图 6.1.4 所示，首先为滑动杆控件建立了两个局部变量，局部变量默认都为写入状态，需要转换时，鼠标右键单击局部变量图标，在弹出菜单中选择“转换为读取”，既可转换为读取状态，局部变量接线端从最初的左侧改变为右侧。图中左侧滑动杆局部变量为读取状态，接线端位于局部变量左侧；右侧滑动杆变量为读取状态，接线端位于局部变量右侧。这两种状态可以互相转换。

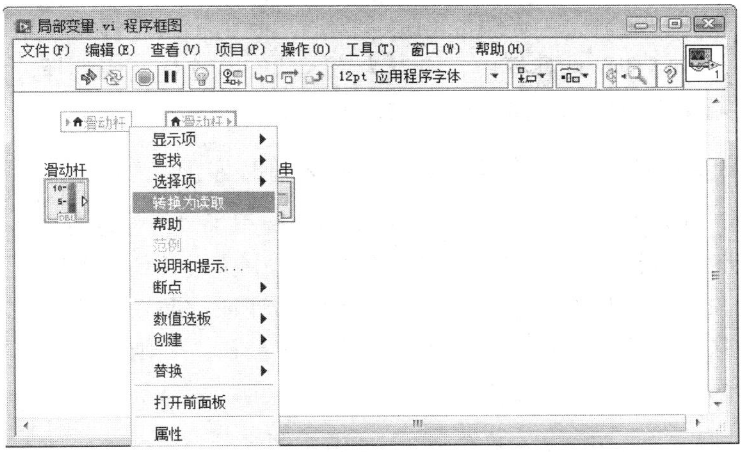

图 6.1.4 局部变量转换

6.1.4 局部变量应用实例

1. 使用局部变量进行控制方式转换

在图 6.1.5 所示的程序中，温度有两种控制方式。在“手动”控制方式下，操作者可以任意调节滑动杆的位置选择温度。在“自动”控制方式下，温度将在 20 到 30 度之间变化。

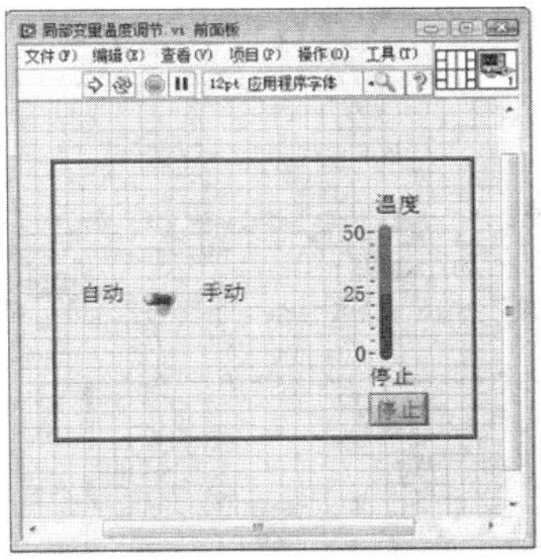

（a）

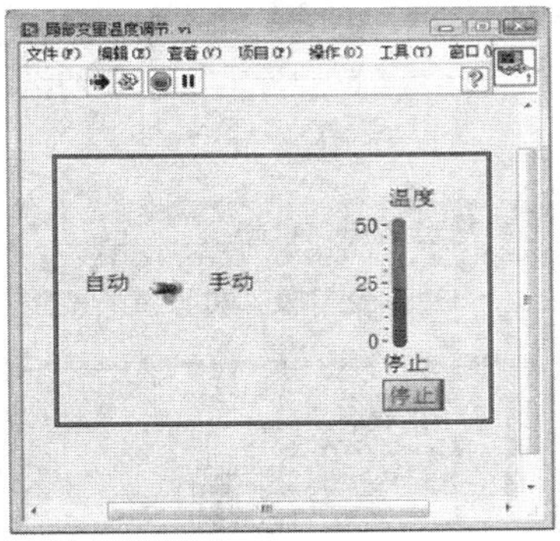

（b）

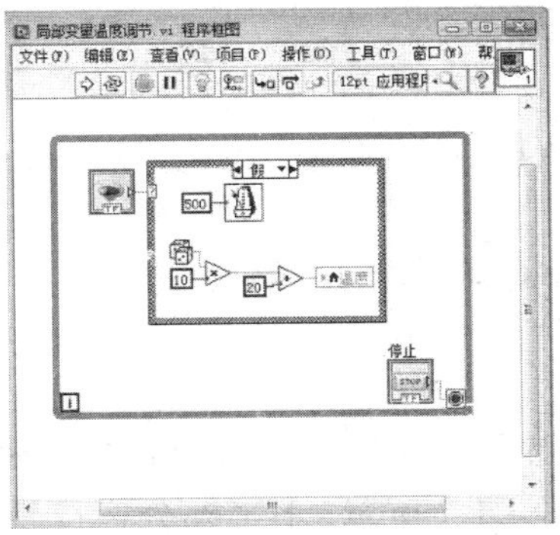

（c）

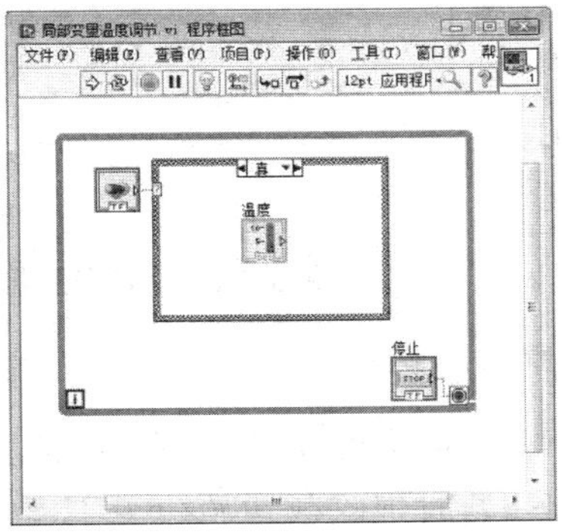

（d）

图 6.1.5 局部变量进行控制方式转换

从程序框图中可以看到，在条件结构的“真”选择框中为“温度”这个控件建立了一个局部变量，并放入“假”选择框中，设置为写入状态。这样，当选择“自动”控制方式时，按照程序控制要求设定的温度值可以在前面板上显示出来。

2. 使用局部变量控制两个并行的 While 循环同时停止

在图 6.1.6 中，同一个程序的两个 While 循环中调用了“信号处理”→“波形生成”→“仿真信号”，产生的方波与正弦波显示在两个波形图中。图中程序框图中，一个 While 循环用一个翘板开关控制循环的停止，另一个 While 循环通过翘板开关的局部变量控制循环的停止。注意，这里的停止条件不能简单的使用停止按钮，否则连线时报错，有兴趣的读者可以自己去研究。

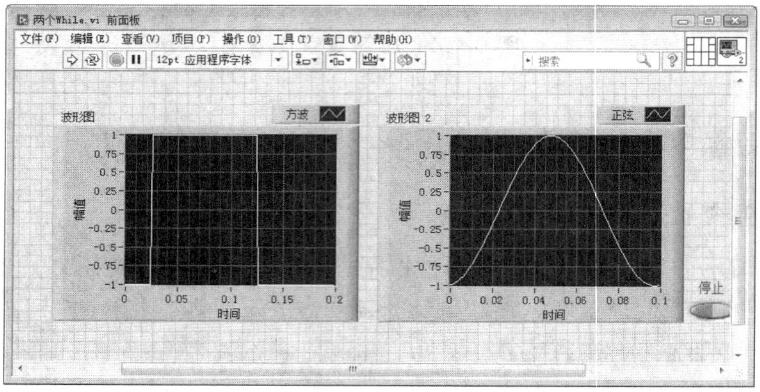

(a)

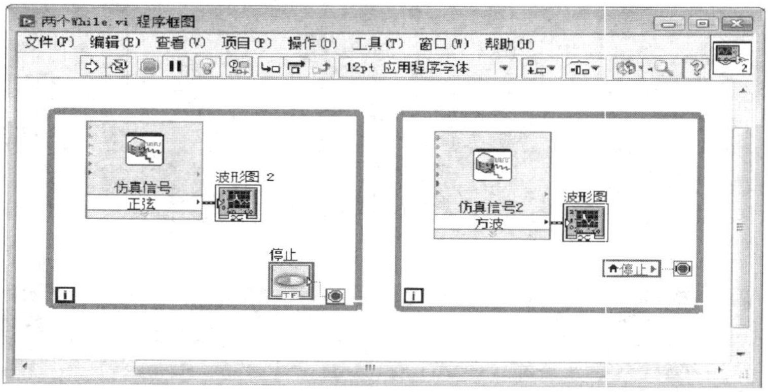

(b)

图 6.1.6 局部变量控制两个 While 循环

3. 初始化前面板控件

对于求两个整数的商和余数的例子，被除数可以是随机值或默认值，而除数不能为 0，所以必须在程序开始时把除数初始化为 1。如图 6.1.7 所示，上半部分运行时未进行初始化，所以商和余数是一个很奇怪的值，没有报错，那是因为 LabVIEW 强大的容错功能；下半部分，对程序框图进行了改造，利用平铺式顺序结构将这个程序分为两个部分：第一部分为“除数”建立局部变量，在进行运算之前，将“除数”初始化为 1；第二部分才执行原来的功能体。这样，大大的提高了程序的健壮性。

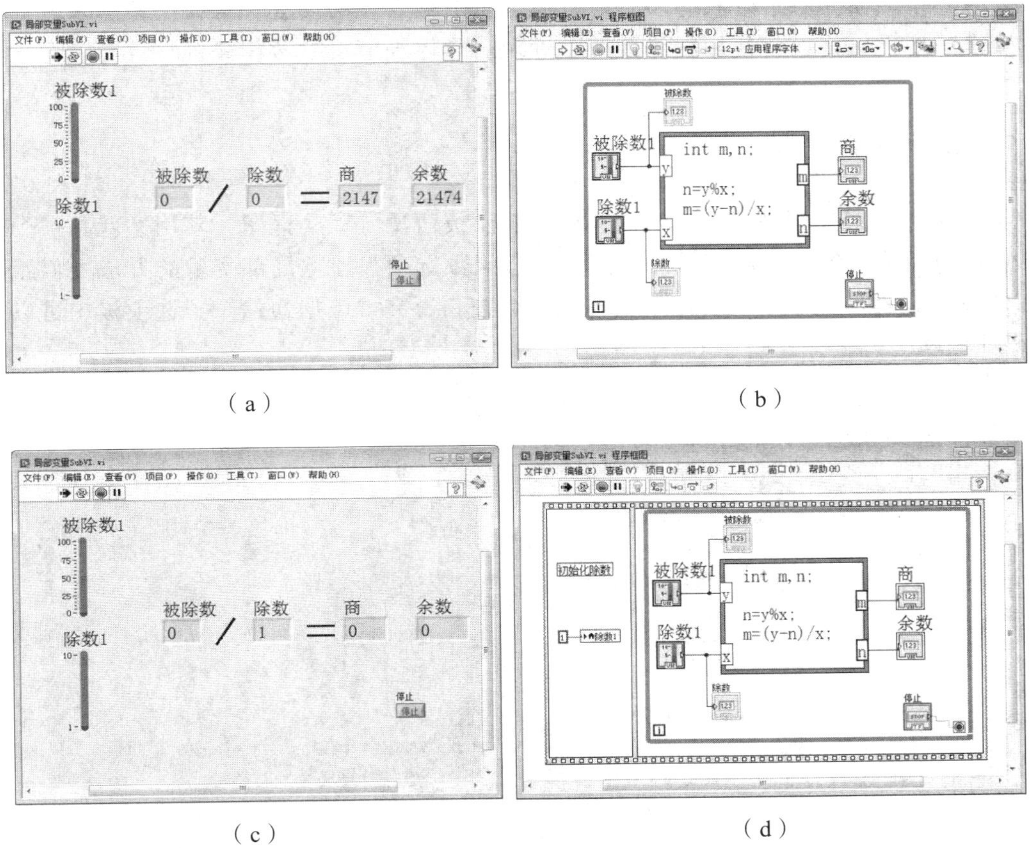

图 6.1.7 局部变量进行初始化操作

6.2 全局变量

6.2.1 LabVIEW 的全局变量

LabVIEW 中的局部变量与前面板上已有的某一个控件相联系，用于在一个程序的不同位置访问同一个控件，实现一个程序内部传递数据。

全局变量是用一个控件的形式存放数据，但是这个控件独立于调用它的 VI，以一个特殊的 VI 作为自己的容器。进一步理解，全局变量 VI 是一种特殊的 VI，它只有前面板而没有程序框图，其用途就是一个保存全局变量的容器。在这个程序的前面板上可以放一个控件，也可以放多个控件，每个控件就是一个全局变量。

全局变量是用于在不同的程序之间传递数据，这些程序是可以并行的，也可以是不便于通过接口传递数据的主程序和子程序。

程序之间传递数据，都应该注意互斥的问题。一般来说，对于同一个数据的操作，读者可以有多个，而写者最好只有一个，以免产生数据操作的混乱。更为严格的来说，只要有写操作的地方，都应该使用临界区进行处理。具体细节可参考相关资料。

6.2.2 建立全局变量

全局变量 VI 是一种特殊的 VI，它只有前面板而没有程序框图，其用途就是一个保存全局变量的容器。建立全局变量的方法与通过函数选项板建立局部变量的方法类似，如图 6.2.1 所示，在程序框图中，右键单击弹出函数窗口，在“数据通信”子选项板中可以找到全局变量节点。

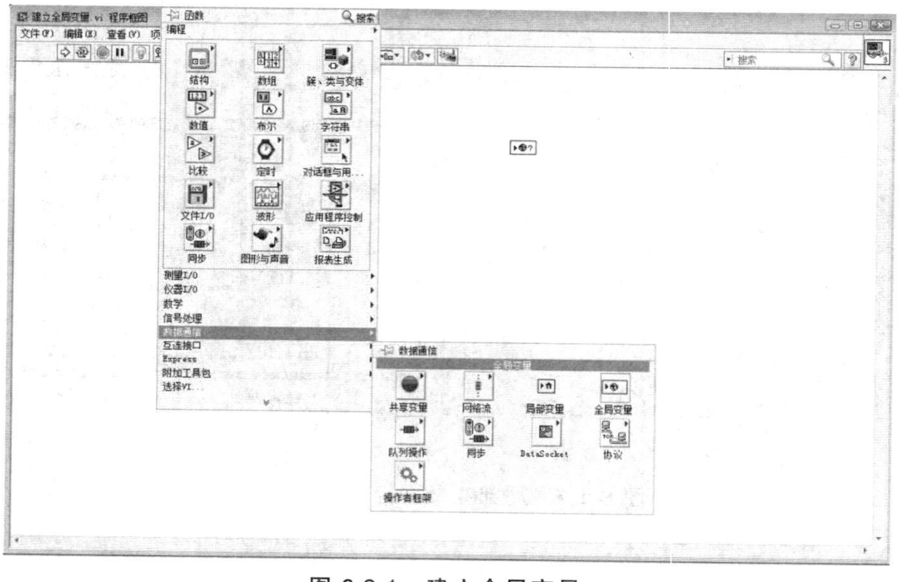

图 6.2.1 建立全局变量

全局变量节点放入程序框图后如图 6.2.1 所示。双击这个全局变量节点或在全局变量节点上右击，在弹出的快捷菜单中选择“打开前面板”命令，都可以打开一个全局变量的 VI 前面板。如图 6.2.2 所示，在这个程序的前面板上可以放一个控件，也可以放多个控件，每个控件就是一个全局变量。注意，一定要为每个控件填写意义明确的标签作为全局变量名称，LabVIEW 是通过变量名访问全局变量的。如果所开发的应用程序中需要多个全局变量，可以建立多个 VI，每个 VI 包含一个全局变量；也可以建立一个包含多个全局变量的 VI，这种方法效率更高，因为它把有关的全局变量都组合在一起了。在全局变量 VI 前面板放入所需要的控件以后，关闭这个 VI 并保存。在图中，我们放置了两个数值控件。单击窗口菜单“窗口”，可以发现“显示程序框图”为灰色不可用，也就是说明全局 VI 没有程序框图。

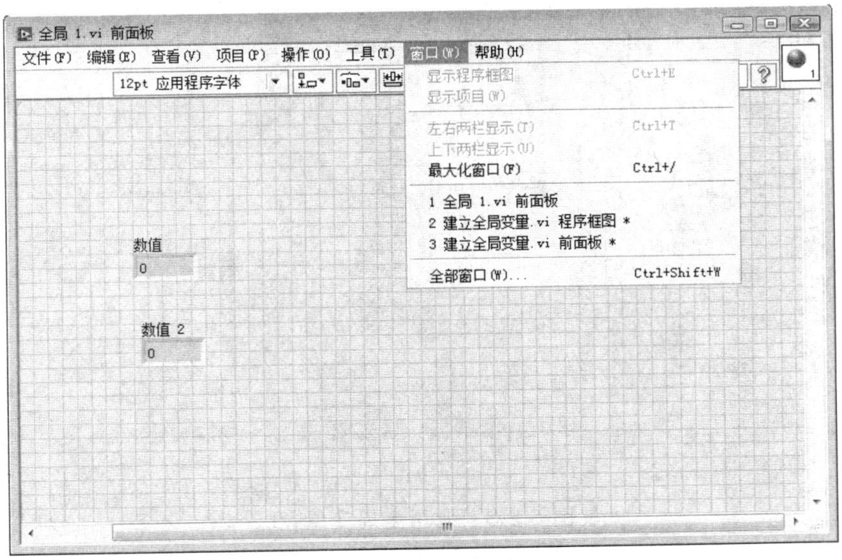

图 6.2.2　编辑全局变量 VI

在全局变量 VI 前面板放入所需要的控件以后，如果用鼠标单击全局变量节点或在全局变量节点上右击，在弹出的快捷菜单中选择“选择项”命令，就会出现所有放入全局变量 VI 前面板的控件名称。

6.2.3　使用全局变量

同局部变量一样，既可以向全局变量写数据也可以从全局变量读数据，而不必知道最初放入全局变量 VI 前面板的控件是输入控件还是显示控件。向全局变量写数据意味着改变全局变量的值，从全局变量读数据意味着把全局变量作为一个数据源来访问。当向全局变量写数据或从全局变量读数据时，如果它的读写状态不匹配，就从全局变量节点上弹出右键菜单，从中选择“转换为写入”或“转换为读取”命令。

如图 6.2.3（a）所示，在程序框图其他位置访问已经建立的全局变量时，单击函数选项板中的“选择 VI”选项，弹出的选择用户 VI 对话框，选择已经保存的全局变量 VI，就调出了全局变量节点并带有一个默认的全局变量名。如图 6.2.3（b）所示，如果这个全局变量不是需要的全局变量，可以右键单击，在弹出菜单中选择“选择项”，然后选择需要的变量名。对于全局变量的状态转换，如图 6.2.3（a）所示，可以右键单击，在弹出菜单中选择“转换为读取”或“转换为写入”，分别转换为读取状态或写入状态。

全局变量可以被内存中任何 LabVIEW 程序读或写，但是必须知道程序中所有读写都发生在哪里，以免全局变量值意外改变。

图形语言程序可以同时执行许多程序，要想知道多个并行的程序框图中某个全局变量什么时候被访问有时是比较困难的。在多线程软件中，对全局变量这样的共享数据源的争先访问使这个问题变得更加突出。因此，随意使用全局变量会带来程序调试的困难。

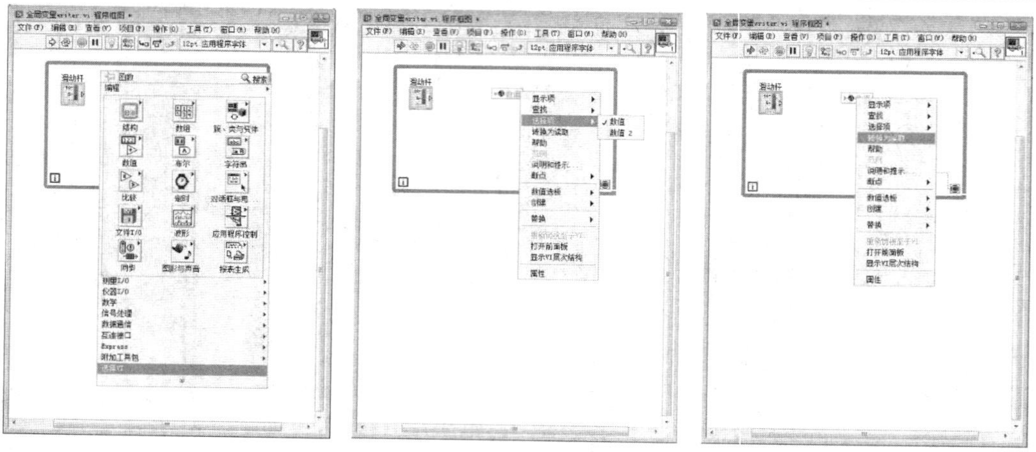

（a）　　　　（b）　　　　（c）

图 6.2.3　调用全局变量 VI

6.2.4　全局变量应用实例

全局变量 VI 是一种特殊的 VI，它只有前面板而没有程序框图，其用途就是一个保存全局变量的容器。在这个程序的前面板上可以放一个控件，也可以放多个控件，每个控件就是一个全局变量。

全局变量是用于在不同的程序之间传递数据，这些程序是可以并行的，也可以是不便于通过接口传递数据的主程序和子程序。在这个实例中，首先按照前面的步骤和方法，建立一个数据写入者，如图 6.2.4 中①所示，其中一个滑动杆控件，用于改变写入全局变量的值。在程序框图中，右键单击弹出函数窗口，在“数据通信”子选项板中可以找到全局变量节点。鼠标双击全局变量节点，弹出全局 VI 的前面板，在前面板上放置两个数值型

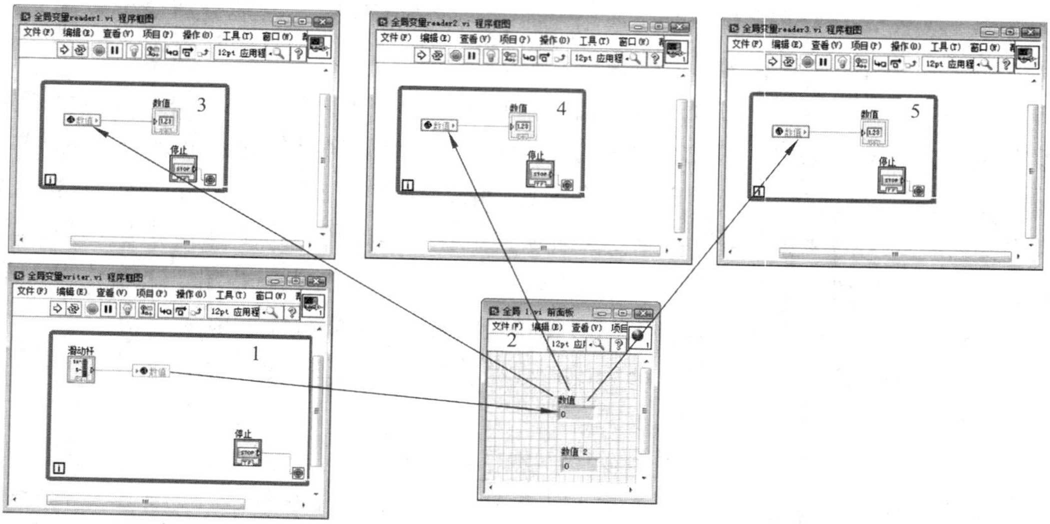

图 6.2.4　使用全局变量 VI

显示控件，分别为“数值”和“数值 2”，然后保存该全局 1VI，其效果如图 6.2.4 中②所示。在数据写入者程序框图中，连接滑动控件和全局变量图标，其效果如图 6.2.4 中①所示。另外，建立三个数据读取者 VI，其效果如图 6.2.4 中③④⑤所示。数据读取者 VI 程序框图中，有一个数据显示控件，然后右键单击弹出函数窗口，单击函数选项板中的“选择 VI”选项，弹出的选择用户 VI 对话框，选择已经保存的全局变量 VI，调出全局变量节点并带有一个默认的全局变量名。全局变量 VI 默认是写入状态，右键单击全局变量图标，在弹出菜单中选择“转换为读取”命令，然后连接全局变量和数值显示控件，其效果如图 6.2.4 中③④⑤所示。这个实例中，有一个数据写入者，多个数据读取者。

全局变量 VI 的运行效果如图 6.2.5 所示，把一个数据写入者 VI 和三个数据读取者 VI 中的任意一个开始运行，全局变量 VI 都会自动进入运行状态，其运行窗口的工具按钮比常规的 VI 运行窗口的工具按钮更为简单。在数据写入者 VI 中改变变量的值，全局变量 VI 和数据读取者 VI 的同一个变量的值也随之改变。

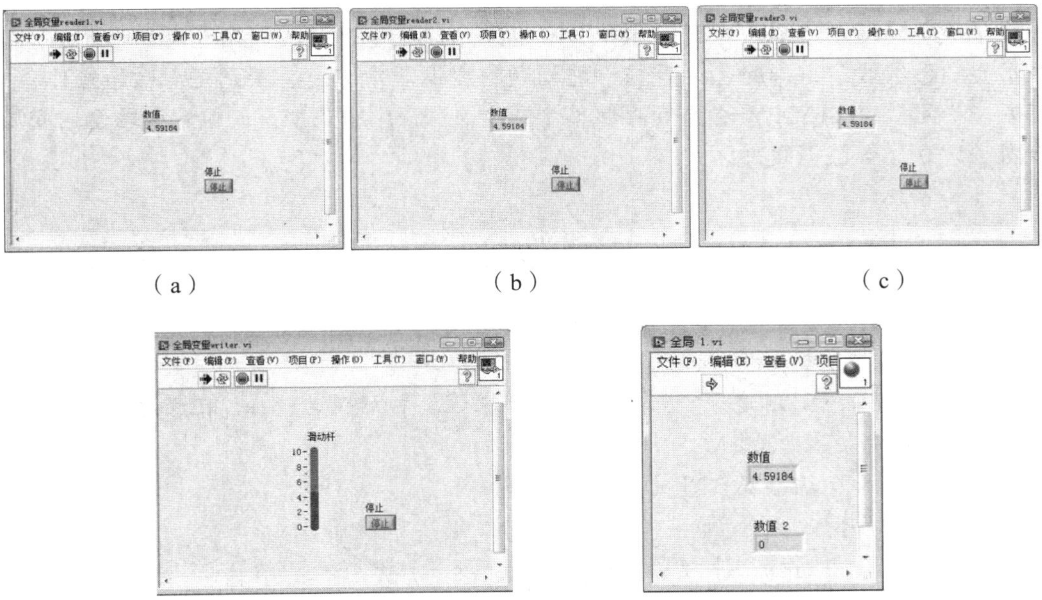

（a）　（b）　（c）

（d）　（e）

图 6.2.5　全局变量 VI 使用效果

6.3　变量使用的注意事项

虽然 NI 公司为 LabVIEW 提供了局部变量和全局变量两种传递数据的工具，但是 NI 公司并不提倡过多地使用它们。很多使用 LabVIEW 开发应用程序的人员也认为，局部变量和全局变量的使用是 LabVIEW 编程的难点。LabVIEW 程序最大的特点就是它的数据流驱动的执行方式，但是局部变量和全局变量从本质上讲并不是数据流的一个组成部分。它们掩盖了数据流的进程，使程序变得难以读懂。

使用局部变量和全局变量还要注意以下问题。

1. 局部变量和全局变量的初始化

在使用含有局部变量和全局变量的程序运行之前，局部变量和全局变量的值是与它们相关的前面板对象的默认值。如果不能够确信这些值符合程序执行的要求，就需要对它们进行初始化，即赋予它们能够保证使程序得到预期结果的正确的初始值。

2. 使用局部变量和全局变量对于内存的考虑

主调程序通过连线板接线端连线的方式向被调用的子程序传递数据时，连线板并不会在缓冲区建立数据副本。但是，使用局部变量传递数据时，就需要在内存中从与它相关的前面板控件复制一个数据副本。如果需要传递大量数据，就会占用大量内存，使程序的执行变得缓慢。

程序从全局变量读取数据时，LabVIEW 也为全局变量存储的数据建立一个副本。这样，当操作大的数组或字符串时，内存与性能问题将变得非常突出。特别是对数组操作，修改数组中一个元素，LabVIEW 会重新存储整个数组。从程序中几个不同位置读取全局变量时，就会同时建立几个数据缓冲区。

练习与思考

1. 充分认识和掌握局部变量。

2. 在程序前面板上创建一个显示控件，要求设置初始值为 0.1，在程序的其他运行时间显示一个随机数。

3. 充分认识和掌握全局变量的使用。

4. 编写多个 VI 程序，共享一个变量。

5. 掌握变量使用的注意事项。

第 7 章 串口程序设计

串口通信使 LabVIEW 程序的数据通信得到了进一步的扩展，从一个机器的单个程序内部到多个程序之间，再到运行于多个机器的多个程序之间的通信，甚至是单片机之类的采集终端，都能使用串口通信。LabVIEW 提供了丰富的串口操作 VI，使常规的串口操作非常方便。

本章比较全面地介绍 LabVIEW 串口操作的相关内容，使学习者能熟练使用串口进行通信。

本章重点：

- 理解串口通信；
- 串口通信的驱动；
- 虚拟串口的设置使用；
- 串口接收程序设计；
- 串口发送程序设计。

7.1 关于 LabVIEW 的串口

7.1.1 串口通信

串口是计算机上一种非常通用的设备通信协议（不要与通用串行总线 Universal Serial Bus 或者 USB 混淆）。大多数计算机包含两个基于 RS232 的串口。串口同时也是仪器仪表设备通用的通信协议，很多 GPIB 兼容的设备也带有 RS-232 口。同时，串口通信协议也可以用于获取远程采集设备的数据。

串口通信的概念非常简单，串口按位（bit）发送和接收字节。尽管比按字节（Byte）的并行通信慢，但是串口可以在使用一根线发送数据的同时用另一根线接收数据。它很简单并且能够实现远距离通信。比如 IEEE488 定义并行通行状态时，规定设备线总长不得超过 20 米，并且任意两个设备间的长度不得超过 2 米；而对于串口而言，长度可达 1 200 米。典型的，串口用于 ASCII 码字符的传输。通信使用 3 根线完成：（1）地线，（2）发送，（3）接收。由于串口通信是异步的，端口能够在一根线上发送数据同时在另一根线上接收数据。

其他线用于握手，但不是必须的。串口通信最重要的参数是波特率、数据位、停止位和奇偶校验。对于两个进行通行的端口，这些参数必须匹配：

1. 波特率

这是一个衡量通信速度的参数。它表示每秒钟传送的 bit 的个数。例如 300 波特表示每秒钟发送 300 个 bit。当我们提到时钟周期时，我们就是指波特率。例如，如果协议需要 4 800 波特率，那么时钟频率是 4 800 Hz。这意味着串口通信在数据线上的采样率为 4 800 Hz。通常电话线的波特率为 14 400，28 800 和 36 600。波特率可以远远大于这些值，但是波特率和距离成反比。高波特率常常用于放置的很近的仪器间的通信，典型的例子就是 GPIB 设备的通信。

2. 数据位

这是衡量通信中实际数据位的参数。当计算机发送一个信息包，实际的数据不会是 8 位的，标准的值是 5、7 和 8 位。如何设置取决于你想传送的信息。比如，标准的 ASCII 码是 0～127（7 位），扩展的 ASCII 码是 0～255（8 位）。如果数据使用简单的文本（标准 ASCII 码），那么每个数据包使用 7 位数据。每个包通常是指一个字节，包括开始/停止位，数据位和奇偶校验位。由于实际数据位取决于通信协议的选取，术语“包”指任何通信情况的基本传输单位。

3. 停止位

用于表示单个包的最后一位。典型的值为 1，1.5 和 2 位。由于数据是在传输线上定时的，并且每一个设备有其自己的时钟，很可能在通信中两台设备间出现了小小的不同步。因此停止位不仅仅是表示传输的结束，并且提供计算机校正时钟同步的机会。适用于停止位的位数越多，不同时钟同步的容忍程度越大，数据传输率同时也越慢。

4. 奇偶校验位

在串口通信中一种简单的检错方式。有四种检错方式：偶、奇、高和低。当然没有校验位也是可以的。对于偶和奇校验的情况，串口会设置校验位（数据位后面的一位），用一个值确保传输的数据有偶个或者奇个逻辑高位。例如，如果数据是 011，那么对于偶校验，校验位为 0，保证逻辑高的位数是偶数个。如果是奇校验，校验位位 1，这样就有 3 个逻辑高位。高位和低位不真正的检查数据，简单置位逻辑高或者逻辑低校验。这样使得接收设备能够知道一个位的状态，有机会判断是否有噪声干扰了通信或者传输和接收数据是否不同步。

7.1.2 串口硬件结构

对于现在常用的串口，都是采用标准的 9 针串口，如图 7.1.1 所示。具体名称如表 7.1.1 所示。串口包含九个引脚，除了引脚 5 为信号地（Signal GND），还包含以下四对引脚。

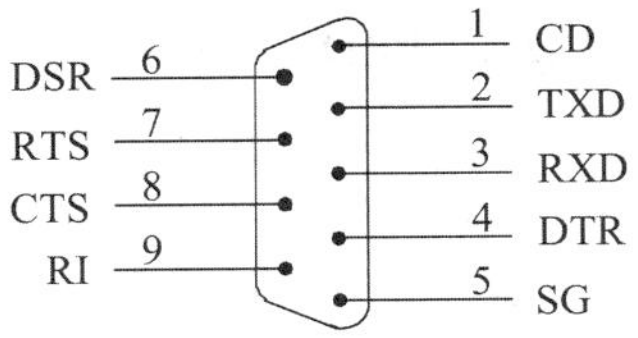

图 7.1.1　串口引脚

表 7.1.1　串口引脚

9 针串口（DB9）		
针号	功能说明	缩写
1	数据载波检测	CD
2	接收数据	TXD
3	发送数据	RXD
4	数据终端准备	DTR
5	信号地	SG
6	数据设备准备好	DSR
7	请求发送	RTS
8	清除发送	CTS
9	振铃指示	RI

1. 就绪引脚

数据设备就绪（Data Set Ready-DSR）——有效时（ON）状态，表明数据通信设备就绪，可以接收。

数据终端就绪（Data Terminal Ready-DTR）——有效时（ON）状态，表明数据终端设备准备就绪，可以接收。

这两个信号有时连到电源上，上电就立即有效。这两个设备状态信号有效，只表示设备本身可用，并不说明通信链路可以开始进行通信了，能否开始进行通信要由下面的控制信号决定。

2. 请求引脚

请求发送（Request To Send-RTS）——DTE 准备向 DCE 发送数据，DTE 使该信号有效（ON 状态），通知 DCE 要发送数据给 DCE 了。

清除发送（Clear To Send-CTS）——是对 RTS 的响应信号。当 DCE 已准备好接收 DTE 传来的数据时，使该信号有效，通知 DTE 开始发送数据。

RTS/CTS 请求应答联络信号是用于半双工 MODEM 系统中发送方式和接收方式之间的切换。在全双工系统中，因配置双向通道，故不需要 RTS/CTS 联络信号，使其变高电平。

3. 接收与发送

接收数据（Received Data-RD 或 RXD）——DCE 发送数据到 DTE。终端接收串行数据。

发送数据（Transmitted Data-TD 或 TXD）——DTE 发送数据到 DCE。终端发送串行数据。

4. 指示引脚

载波信号检测（Data Carrier Detection-DCD）——通信设备接收到远程载波，用来表示 DCE 已接通通信链路，告知 DTE 准备接收数据。

振铃指示（Ring Indicator-RI）——当 DCE 收到交换台送来的振铃呼叫信号时，使该信号有效（ON 状态），通知 DTE，已被呼叫。通信设备通知终端，通信线路接通。

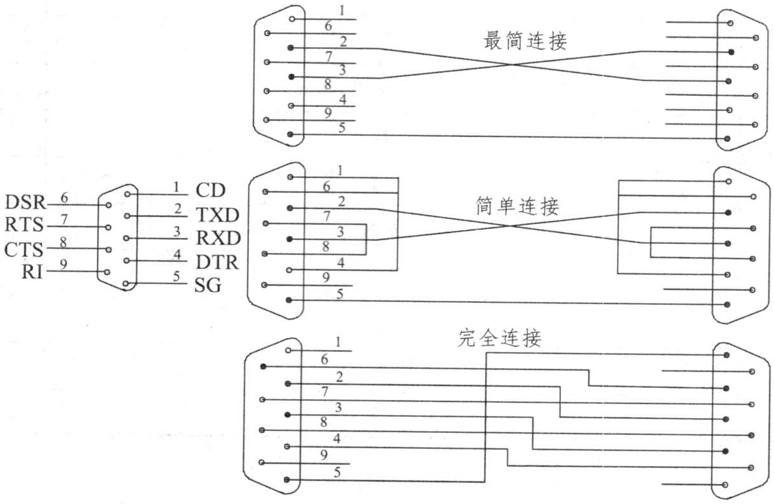

图 7.1.2 串口连线方式

一对串口进行通信必须进行有效的连线，连线方式如图 7.1.2 所示。其中最简单的连线方式是直接把数据发送引脚与数据接收引脚交叉相连即可。简单连接方式是在最简单连接方式的基础上把就绪引脚进行了短接；完全连接方式，则除了引脚 1 和引脚 9 不连接以外，其余都分别相连。

如果每次连接都这样按照引脚要求的方式进行相连，显然太过复杂。其实，现在都有标准的串口连线，如图 7.1.3 所示。一端为母口，另一端为公口，这样可以很好的固定串口连接线，并且一次实现 9 对引脚的连线。接口形状采用了梯形口，可以有效的防止插错接口。

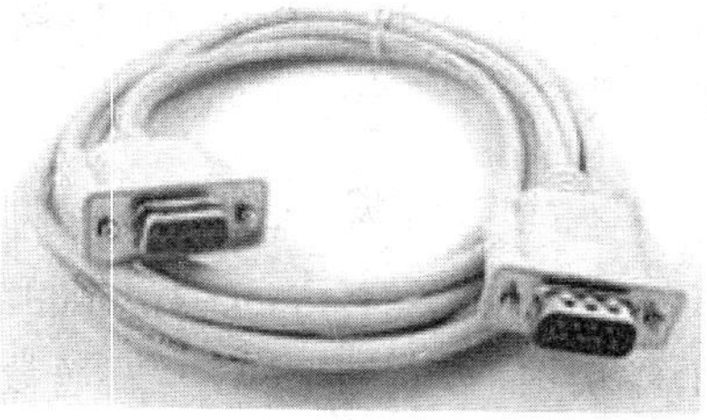

图 7.1.3 串口连接线

7.1.3 虚拟串口

在软件开发阶段，某些开发环境下并没有那么多串口供开发者使用，或者开发者身边没有串口线。在这种情况之下，可以使用虚拟串口来完成串口程序的开发调试，免除了硬件的困扰。虚拟串口软件可以在没有任何串口硬件的基础上，虚拟出多对理想的串口。

我们使用的虚拟串口软件为 VSPD.exe，安装界面如图 7.1.4 所示，可以全部按默认安装完成，完成后桌面上有如图右端所示的图标。当然，还有许多其他的虚拟串口工具，读者可以自由选择，满足需求即可。

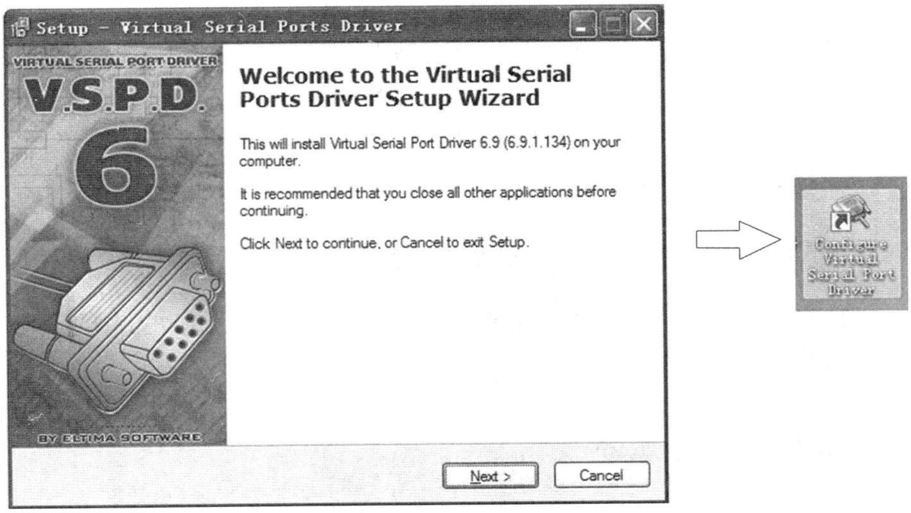

图 7.1.4　虚拟串口安装界面

双击如图 7.1.4 右端所示的虚拟串口工具桌面的图标，启动后的界面如图 7.1.5（a）所示的界面。在界面中，能自动搜集到计算机上的物理端口和虚拟端口，可以见到有一个物理端口（Physical ports）COM1，没有虚拟端口。在虚拟串口工具的界面中，端口只能成对的添加或删除。单击界面中的“添加端口”按钮，就能添加具有默认配置的端口 COM2 和 COM3，并且已经连接完毕，如图 7.1.5（b）所示。当然，可以添加更多成对的端口。

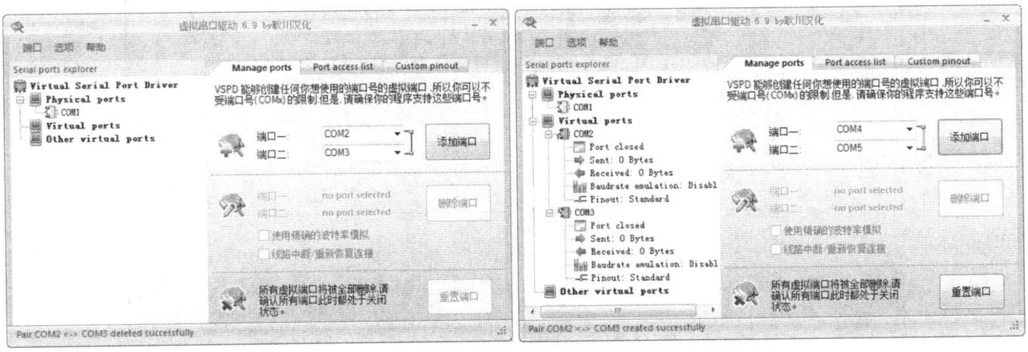

（a）　　　　（b）

图 7.1.5　虚拟串口设置界面

对于虚拟串口工具对端口的操作，操作系统是与物理端口一同对待的。如图 7.1.6（a）所示，未添加端口之前，打开系统的设备管理器，可见到系统只有一个物理通信端口（COM1）。如图 7.1.6（b）所示，添加端口之后，打开系统的设备管理器，可见到系统不仅有一个物理通信端口（COM1），还有两个已经连接好的端口 COM2 和 COM3。

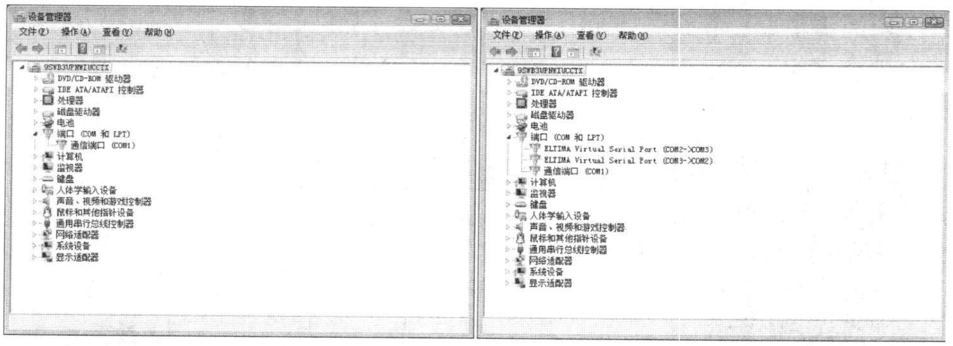

（a）　　　　（b）

图 7.1.6　设备管理器中的端口

另外，虚拟串口工具还有更为强大的功能，可以对端口进行更为复杂的管理，读者可以进行更为详细的研究。

7.1.4　LabVIEW 的串口驱动

LabVIEW 程序开发对串口的操作需要专门的驱动，NI 公司也提供了专门的驱动安装工具 NIVISAruntime.msi，读者可以到 NI 公司官网下载对应的版本，也可以从其他渠道得到需要的 LabVIEW 串口驱动安装文件，对 LabVIEW 的串口安装专门的驱动程序。否则，即使 LabVIEW 提供了大量方便的串口操作节点，也不能对串口进行操作。LabVIEW 串口驱动程序的安装界面如图 7.1.7 所示，基本可以采用默认安装。

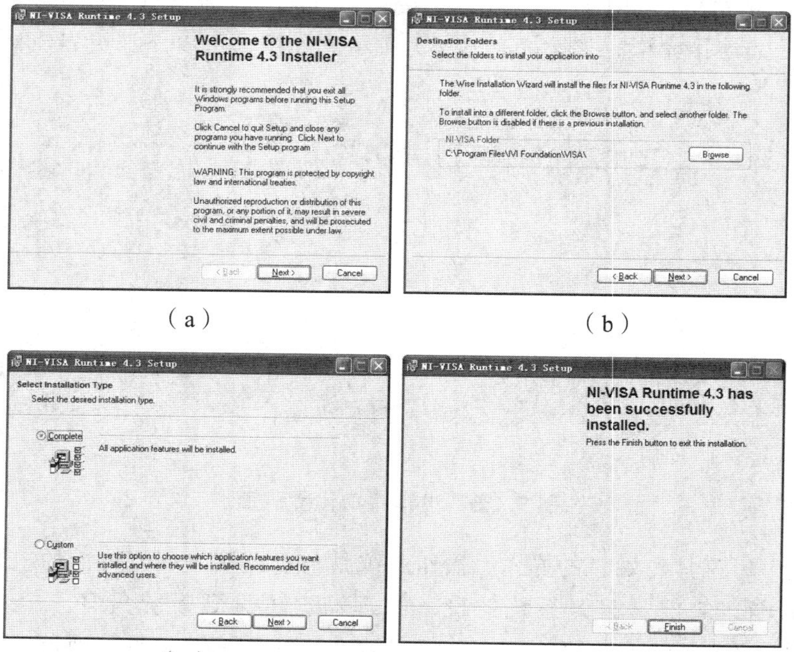

（a）　　　　（b）

（c）　　　　（d）

图 7.1.7　LabVIEW 串口驱动程序安装

7.1.5　LabVIEW 的串口操作

对于 LabVIEW 串口的操作，前面介绍了物理串口的连线处理，或者虚拟串口的设置，再加上 LabVIEW 专用的串口驱动程序的安装，LabVIEW 串口操作的物理准备工作就做好了。

下面对串口的操作节点进行简单的介绍，具体细节在后面的串口发送程序设计和串口接收程序设计中进行详细介绍，主要集中于具体操作节点的位置和功能介绍。

1. 串口前面板节点

LabVIEW 串口操作中，只有一个操作节点是位于前面板上的，也就是 VISA 资源名称，其添加路径如图 7.1.8（a）所示。前面板右键弹出控件窗口，选择“控件”→“新式”→“I/O”，VISA 资源名称节点位于 I/O 子选项板第 3 行第 1 列。把 VISA 资源名称节点放到前面板以后，用鼠标单击其下拉列表，列表项就应该包含计算机上的端口名称，然后选择一个端口作为资源名称。如果下拉列表里没有列表项，则可能是没有安装 LabVIEW 串口驱动程序，或者计算机上的确没有端口。针对这两种情况，则需要安装串口驱动程序或添加虚拟串口。

对于 VISA 资源名称，可以创建一个局部变量，然后设置一个默认值。如图 7.1.8（b）所示，创建了一个 VISA 资源名称的局部变量，然后设置了一个默认值 COM2，COM2 的值可以由字符串常量进行输入。

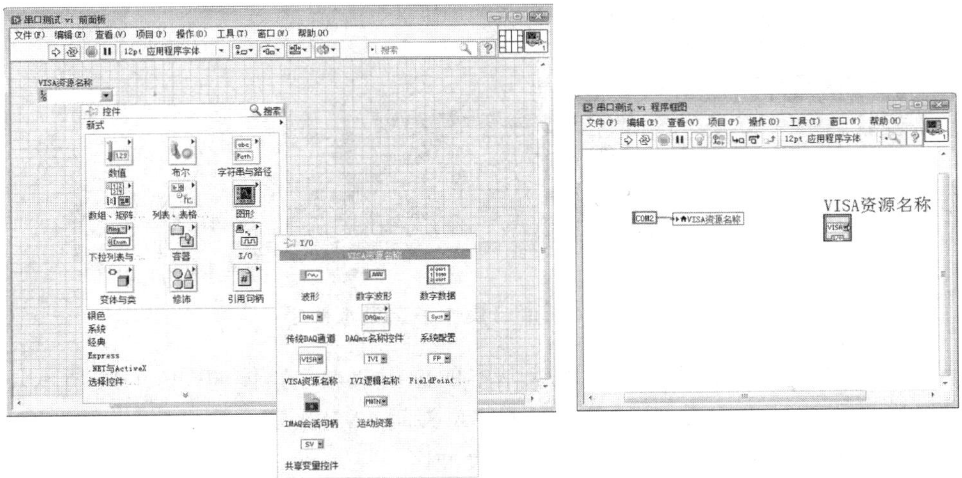

（a）　　　　　　　　（b）

图 7.1.8　VISA 资源名称节点

2. 串口程序款图节点

LabVIEW 串口操作的主要节点都是位于程序框图中，其添加路径如图 7.1.9 所示。程序框图中，右键弹出函数窗口，选择“函数”→“数据通信”→“协议”→“串口”。

LabVIEW 串口操作的主要节点还可以从其他路径进行添加，如图 7.1.10 所示。程序框图中，右键弹出函数窗口，选择“函数”→“仪器 I/O”→“串口”。在串口操作的子选项板中，包含 8 个基本的操作节点。

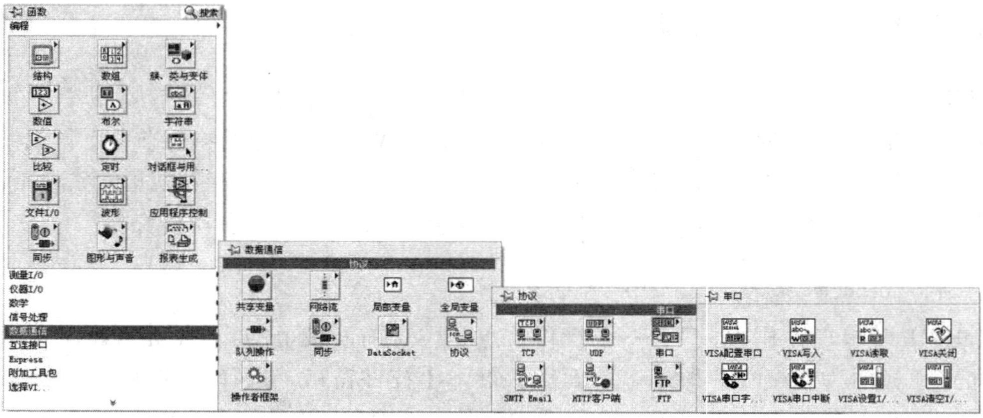

图 7.1.9　串口操作子选项板路径

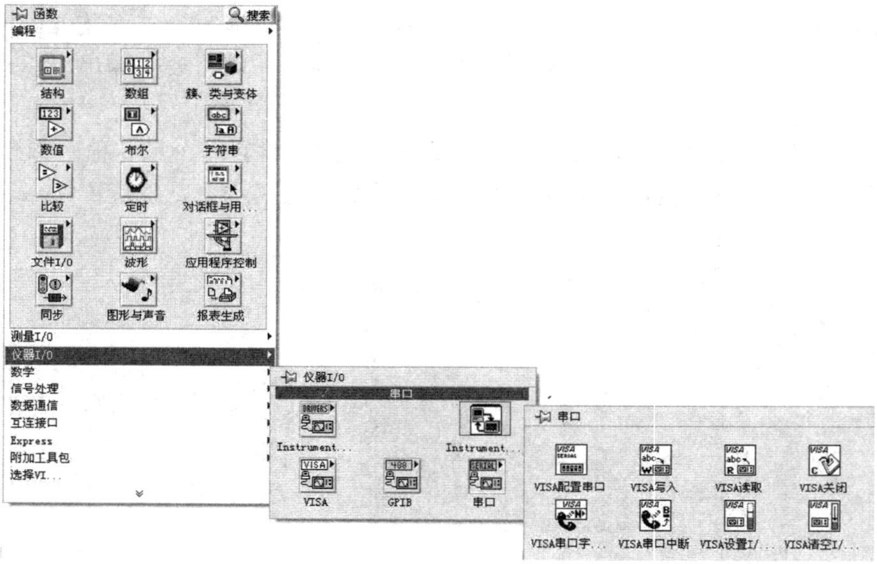

图 7.1.10　串口操作子选项板路径

在串口操作的子选项板中，包含 8 个基本的操作节点，具体如图 7.1.11 所示。包含了 VISA 配置串口、VISA 写入、VISA 读取、VISA 关闭、VISA 串口字节数、VISA 串口中断、VISA 设置 I/O 缓冲区大小和 VISA 清空 I/O 缓冲区。

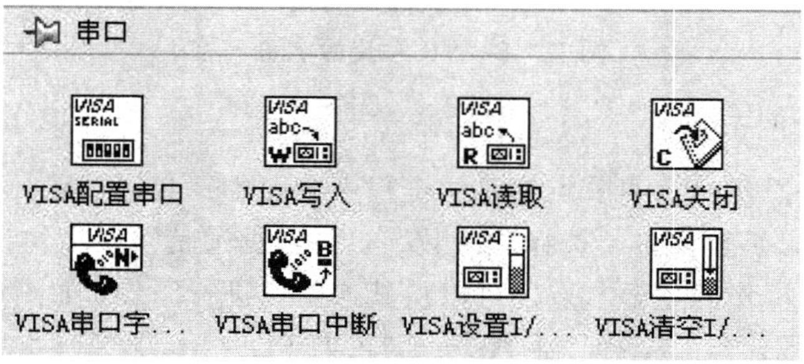

图 7.1.11　串口操作子选项板

作为基本的串口通信，使用这个子选项板的节点已经足够。一般使用 VISA 配置串口、VISA 写入、VISA 读取、VISA 关闭和 VISA 串口字节数这 5 个操作节点，就能完成常规的串口通信。

7.2　串口发送程序设计

7.2.1　总体设计

LabVIEW 串口发送程序的总体设计分为三步完成。第一步，选定发送串口，并进行相关通信参数的设置。第二步，反复检查发送事件是否发生，发生则读取数据进行串口操作发送数据；同时检查退出事件是否发生，发生则进入第三步，否则反复进行第二步操作。第三步，关闭串口资源，退出程序。串口发送程序的流程图如图 7.2.1 所示。程序开始运行时，首先获取 VISA 资源名称，也就是串口名称。接着是 VISA 串口配置，也就是配置串口相关的参数，比如波特率、数据位和停止位等。然后是反复检查发送事件和退出事件：如果发送事件发生，就利用 VISA 串口写入进行串口数据发送，否则就跳过 VISA 串口写入操作；如果退出事件发生，就 VISA 关闭退出程序，否则就继续返回检查事件是否发生。

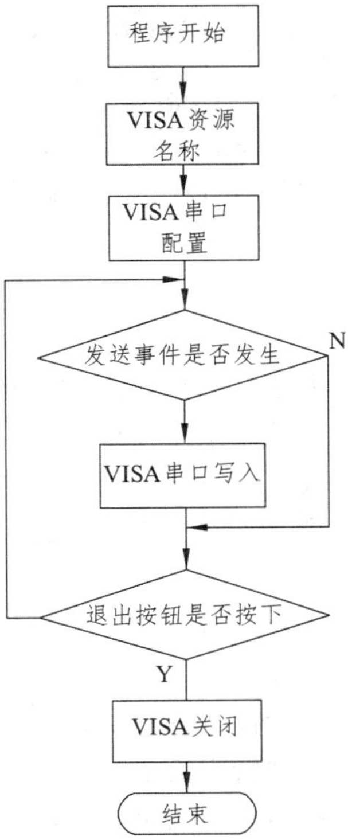

图 7.2.1　串口发送流程

7.2.2 前面板设计

串口发送程序的前面板设计比较简单，串口参数尽量采用默认值或常数，减少了串口参数的输入控件，主要展现利用按钮事件进行串口数据发送的过程，其效果如图 7.2.2 所示。主要的控件包含四个。①为 VISA 资源名称控件，前面板右键弹出控件窗口，选择“控件”→“新式”→“I/O”，VISA 资源名称节点位于 I/O 子选项板第 3 行第 1 列。②是标签为发送区域的字符输入控件。③④分别为发送按钮和停止按钮。⑤为界面装饰平面框，前面板右键弹出控件窗口，选择“控件”→“新式”→“修饰”，平面框位于“修饰”子选项板第 2 行第 4 列。⑥为简单标签，在前面板窗口双击鼠标即可出现输入框，输入“利用事件进行串口数据发送”后，把字体大小修改为 23pt 即可。

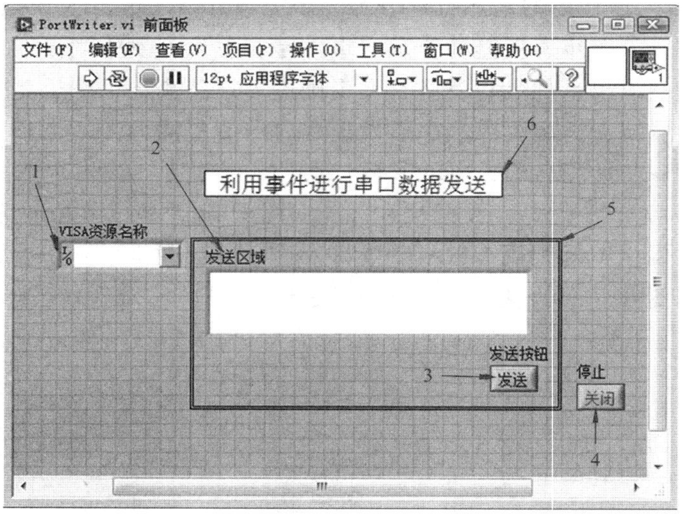

图 7.2.2 串口发送前面板设计

7.2.3 程序框图设计

串口发送程序的设计，其逻辑功能主要集中于程序框图的设计。相对于前面板的设计，程序框图的设计较为复杂。但是，其核心操作节点只有 4 个：VISA 资源名称、VISA 配置串口、VISA 写入和 VISA 关闭，关键在于程序逻辑的组织。

如图 7.2.3 所示，VISA 资源名称、发送按钮和发送区域分别对应前面板上相对应的控件，其余节点则是需要新添加上去。

①为 VISA 资源名称节点；②为 VISA 配置串口节点，程序框图中右键弹出控件窗口，选择“函数”→“数据通信”→“协议”→“串口”→“VISA 配置串口”，VISA 配置串口节点位于串口子选项板第 1 行第 1 列。VISA 配置串口节点用于配置串口通讯的参数，互相通讯的两个串口参数必须一致，波特率为 9 600，数据位为 8 位，校验位为偶校验等。另外，最重要的是从 VISA 资源名称节点的输出端必须作为 VISA 配置串口的输入端，对选取的串口资源名称进行参数配置。

外部两个节点配置完成后，将进入程序的主体结构。主体运行结构⑥为 While 循环，遇到真值时结束程序。While 循环的内部⑦为事件结构，包含两个事件分支。发送按钮事件分支，主要是⑤VISA 写入操作，其左侧有两个重要的输入端，一个输入端为“发送区域”字符输入控件的输入内容，另一个输入端为 VISA 资源名称，必须是 VISA 配置串口节点完成后的 VISA 资源输出。另外，发送按钮事件分支中，必须同时输出一个布尔常量 False 值⑧到 While 循环结束条件接线端，继续循环。停止事件分支，则相对简单，直接调用 VISA 关闭节点⑨，关闭串口，同时输出布尔常量 TRUE 值，结束 While 循环。

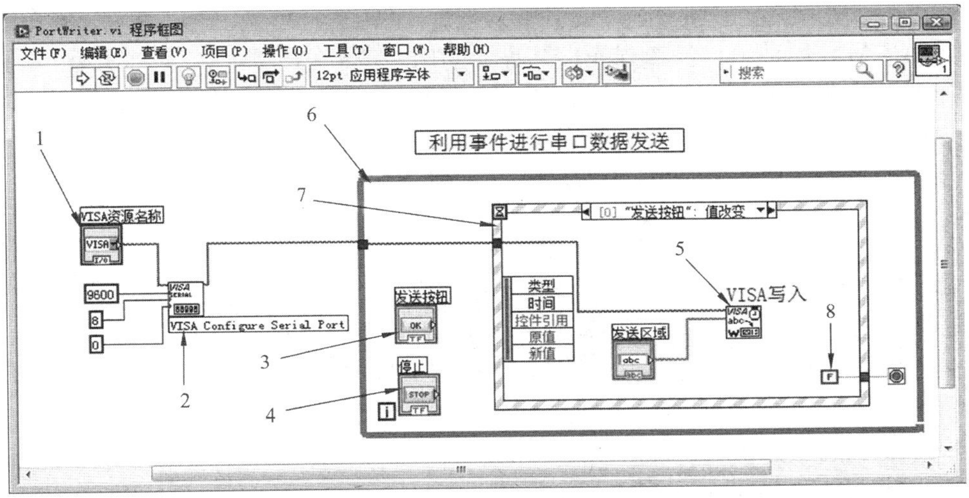

（a）发送事件

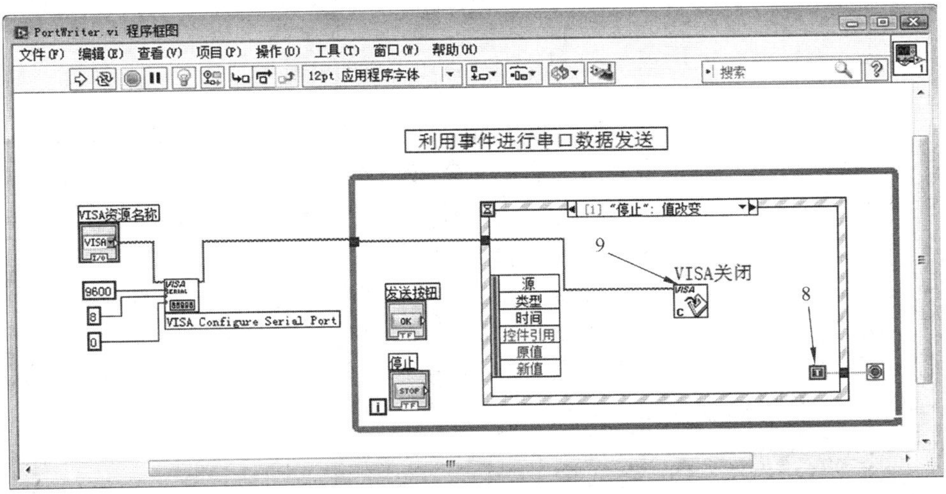

（b）停止事件

图 7.2.3　串口发送程序框图设计

这个串口数据发送实例，是按照事件结构进行触发发送操作的。当然，不同的需求应该有不同的结构，比如定时结构，按固定时间间隔发送数据等。读者主要是需要认真掌握串口发送过程以及主要的操作节点，设计出满足需要的串口发送程序。整个过程就是 VISA 资源名称、VISA 资源配置、VISA 写入和 VISA 关闭。VISA 写入，可能根据实际需要，反复执行，其他三个操作基本都是只执行一次即可。

整个串口发送程序的设计，没有考虑程序的容错性。如果需要设计出强壮的串口发送程序，需要做更多的错误处理。

7.2.4 程序运行结果

设计完成后，启动串口发送程序，其界面如图 7.2.4（a）所示。界面上看不出什么变化，实际上已经执行了 VISA 资源名称和 VISA 配置串口 2 个节点的功能。在图 7.2.4（b）所示的虚拟串口工具窗口中，可以看到 COM2 已经配置参数[9600-N-8-1]，表示波特率为 9 600、无校验位、8 位数据位和 1 位停止位。

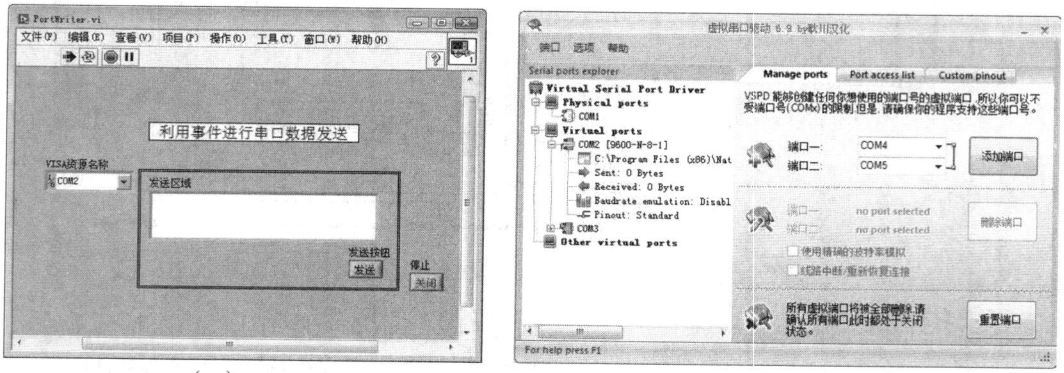

（a）　　　　（b）

图 7.2.4　串口发送程序启动界面

在图 7.2.5（a）发送窗口中，在发送区域输入“123456”，然后点击“发送”按钮，在右半部分的虚拟串口工具窗口中，可以看到 COM2 已经发送了 6 个字节的数据。当然，如果需要看到实际的发送和接收效果，还需要一个串口接收程序，可以使用串口助手或者自行设计，本书的下一节就是设计一个串口接收程序。

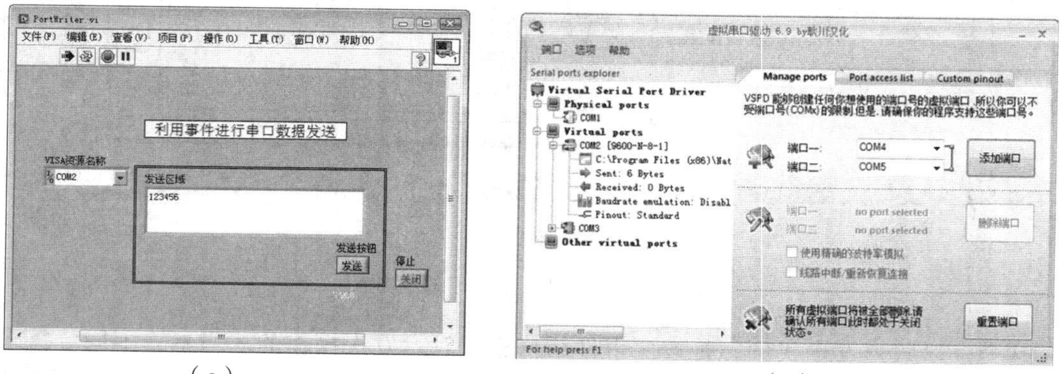

（a）　　　　（b）

图 7.2.5　串口发送程序发送界面

7.3 串口接收程序设计

7.3.1 总体设计思路

LabVIEW 串口接收程序的总体设计分为三步完成。第一步，选定接收串口，并进行相关通信参数的设置。第二步，反复读取串口字节数，字节数大于零则读取串口数据，并显示读取的数据；同时检查退出按钮是否按下，按下则进入第三步，否则反复进行第二步操作。第三步，关闭串口，退出程序。

串口接收程序的流程图如图 7.3.1 所示。程序开始运行时，首先获取 VISA 资源名称，也就是串口名称。接着是 VISA 串口配置，也就是配置串口相关的参数，比如波特率、数据位和停止位等。然后是反复读取串口字节数，如果字节数大于零，就利用 VISA 串口读取进行串口数据接收，否则就跳过 VISA 串口读取操作；检查退出按钮是否按下，如果退出按钮按下，就 VISA 关闭退出程序，否则就返回继续读取串口字节数。

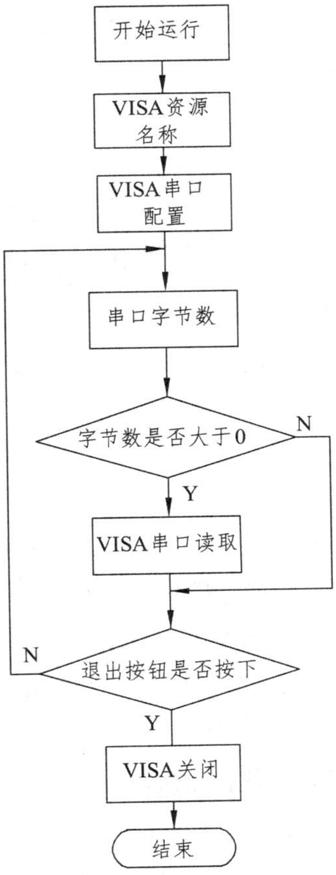

图 7.3.1　串口读取流程

7.3.2 前面板设计

串口接收程序的前面板设计比较简单，串口参数尽量采用默认值或常数，减少了串口参数的输入控件，主要展现串口数据接收的过程，其效果如图 7.3.2 所示。主要的控件包含四个：①为 VISA 资源名称控件，前面板右键弹出控件窗口，选择“控件”→“新式”→“I/O”，VISA 资源名称节点位于 I/O 子选项板第 3 行第 1 列。②是标签为字符串的字符显示控件。③为停止按钮。④为界面装饰平面框，前面板右键弹出控件窗口，选择“控件”→“新式”→“修饰”，平面框位于修饰子选项板第 2 行第 4 列。⑤为简单标签，在前面板窗口双击鼠标即可出现输入框，输入“利用事件进行串口数据发送”后，把字体大小修改为 23pt 即可。

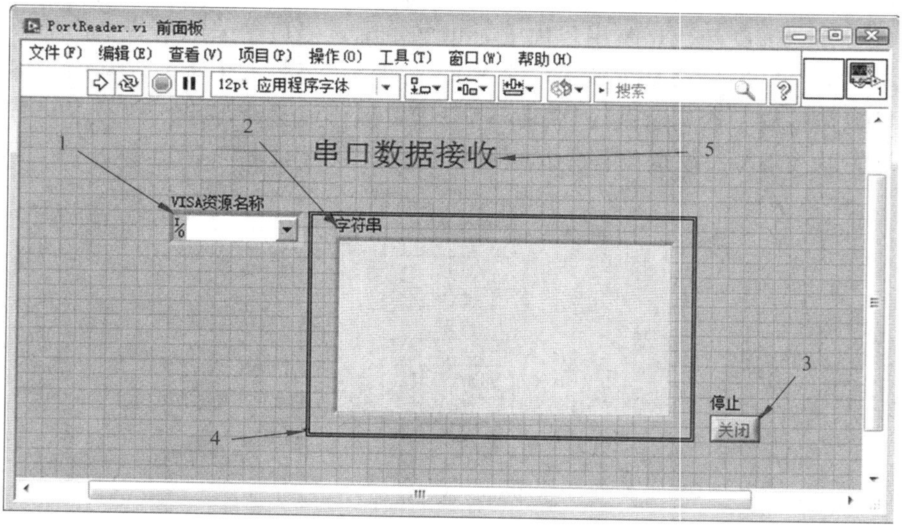

图 7.3.2 串口接收前面板

7.3.3 程序框图设计

串口接收程序的设计，其逻辑功能主要集中于程序框图的设计。相对于前面板的设计，程序框图的设计较为复杂。但是，其核心操作节点只有 5 个：VISA 资源名称、VISA 配置串口、VISA 串口字节数、VISA 读取和 VISA 关闭，关键在于程序逻辑的组织。

如图 7.3.3 所示，VISA 资源名称、停止按钮和字符串分别对应前面板上相对应的控件，其余节点则是需要新添加上去。

①为 VISA 资源名称节点；②为 VISA 配置串口节点，程序框图中右键弹出控件窗口，选择“函数”→“数据通信”→“协议”→“串口”→“VISA 配置串口”，VISA 配置串口节点位于串口子选项板第 1 行第 1 列。VISA 配置串口节点用于配置串口通信的参数，互相通信的两个串口参数必须一致，波特率为 9 600，数据位为 8 位，校验位为偶校验等。

另外，最重要的是从 VISA 资源名称节点的输出端必须作为 VISA 配置串口的输入端，对选取的串口资源名称进行参数配置。

外部两个节点配置完成后，将进入程序的主体结构。主体运行结构③为 While 循环，停止按钮⑧按下时结束程序，使用 VISA 关闭⑦，关闭串口。

While 循环的内部⑤为选择结构，包含两个选择分支。④为属性节点（更为贴切的名称应该是串口字节数），程序框图中右键弹出控件窗口，选择“函数”→“数据通信”→“协议”→“串口”→“VISA 串口字节数”，VISA 串口字节数节点位于串口子选项板第 2 行第 1 列。选择结构⑤的第一个分支，读取到串口的字节数大于零时，⑥完成 VISA 读取操作，其左侧有两个重要的输入端，一个输入端为④串口字节数的输出，就是即将读取的串口字节数，另一个输入端为②节点输出的 VISA 资源名称。选择结构⑤的第二个分支，读取到串口的字节数等于零时，什么也不做。

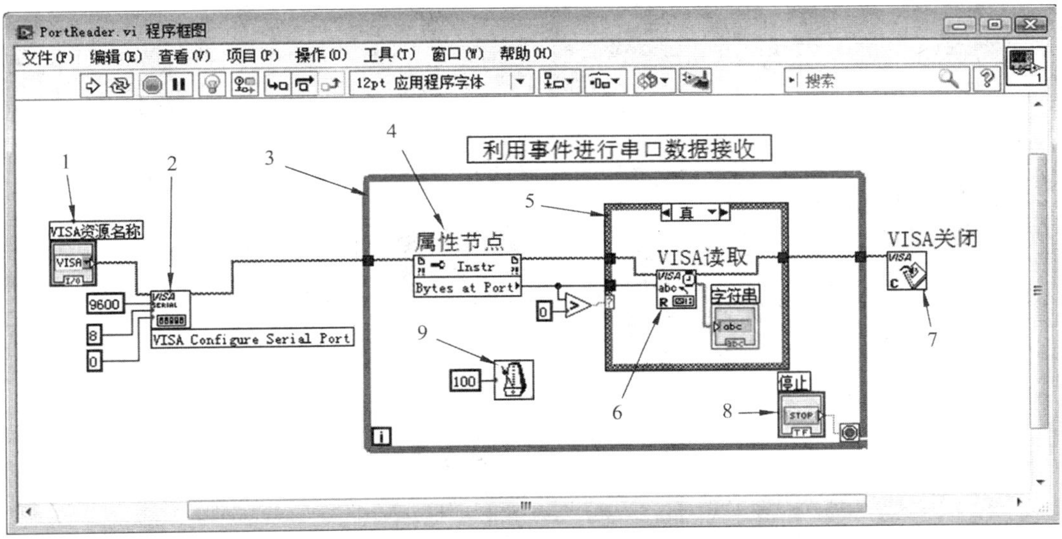

图 7.3.3　串口接收程序框图设计

整个串口接收程序的设计，没有考虑程序的容错性。如果需要设计出健壮的串口接收程序，需要做更多的错误处理。

7.3.4　程序运行结果

设计完成后，启动串口接收程序，其界面如图 7.3.4（a）所示。界面上看不出什么变化，实际上已经执行了 VISA 资源名称和 VISA 配置串口两个节点的功能。在 7.3.4（b）的虚拟串口工具窗口中，可以看到 COM3 已经配置参数[9600-N-8-1]，表示波特率为 9 600、无校验位、8 位数据位和 1 位停止位。程序一直在等待串口数据的到来。

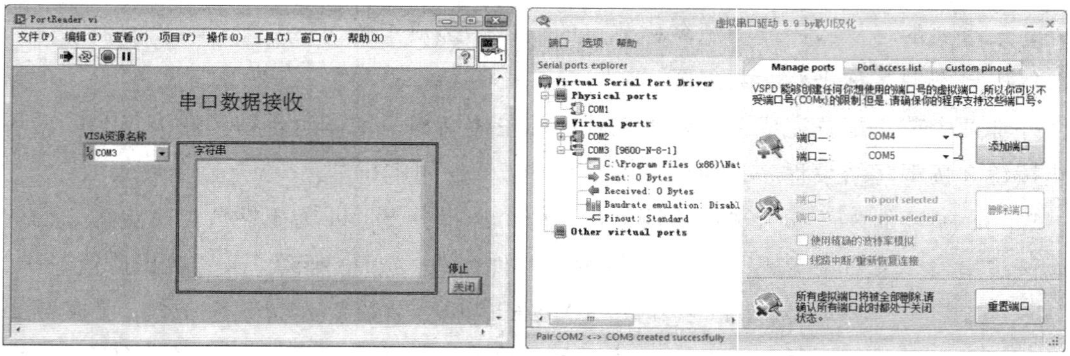

（a）　　　　　　　　　　（b）

图 7.3.4　串口接收程序启动界面

为了真实的查看串口接收和发送的效果，同时运行设计的串口发送程序和接收程序，其效果如图 7.3.5 所示。

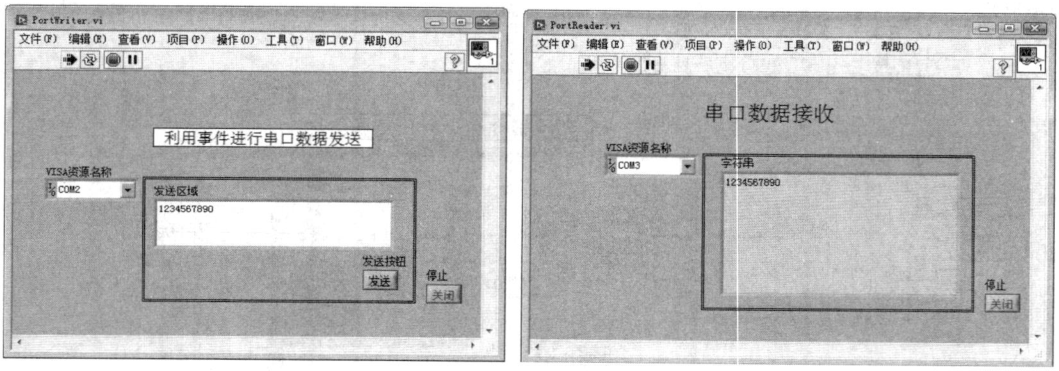

（a）　　　　　　　　　　（b）

图 7.3.5　串口发送和接收程序

7.4　串口通讯程序的进一步设计

前面设计的串口程序只是完成了基本功能，发送端形成字节流进行发送，接收端也仅仅是接收字节流，并没有做更多的处理。在实际应用中，往往有更为复杂的需求。比如，浮点数的传输、数组的传输等。但本质上，串口传输的都是字节流。传输前，组装字节流字符串。接收后，需要格式化分离字符串，还原为原来的数据。可以参考前面章节中关于字符串格式化写入和字符串格式化读取的内容。

如图 7.4.1 所示，（a）为发送程序，（b）为接收程序。发送端与直接发送数字字符串，接收端对接收到的字符串进行了处理，处理过程如图 7.4.2 所示。对于波形图表的数据，必须是数值型，因此，通过“十进制字符串至数值转换”节点，完成了把接收到的字符串转换为数字的功能。在程序框图右键单击弹出窗口，选择“函数”→“编程”→“字符串”→“数值/字符串转换”，出现如图 7.4.3 所示的数值/字符串转换子选项板，提供了丰富的数字与字符串之间的相互转换功能，可以满足用户通讯协议的要求。

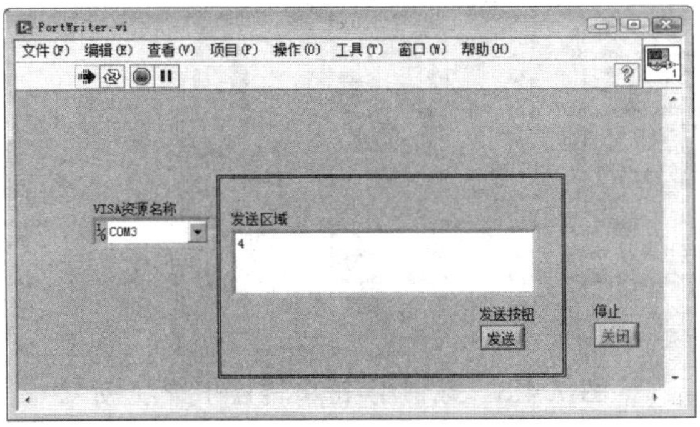

（a）

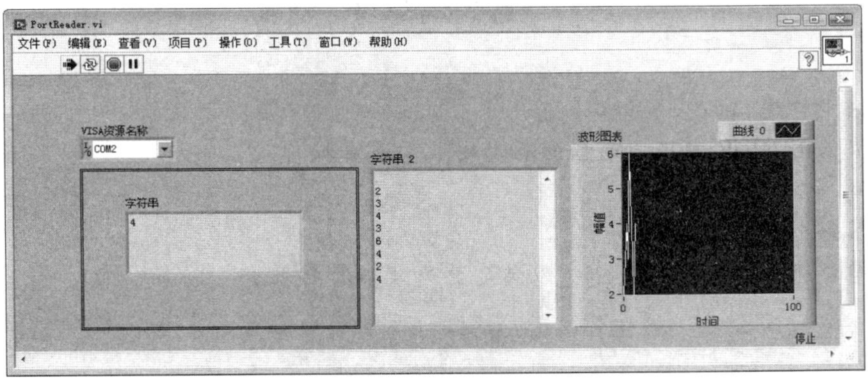

（b）

图 7.4.1　串口发送和接收程序

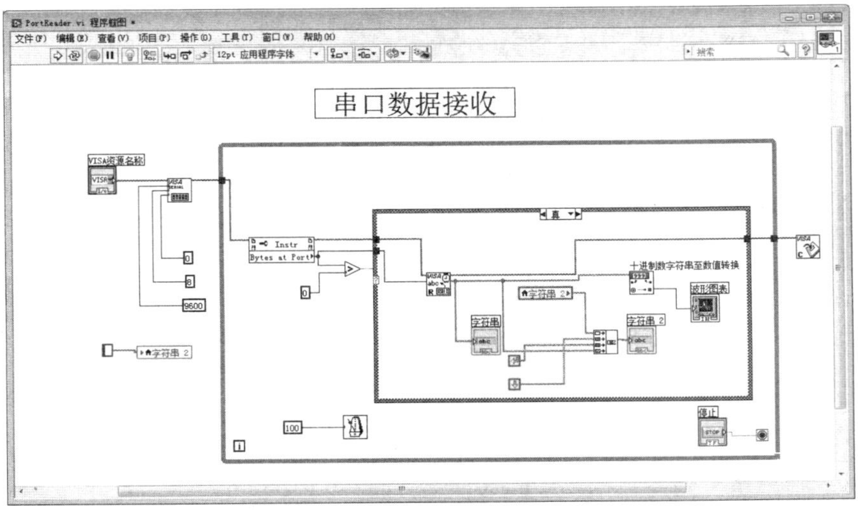

图 7.4.2　串口接收程序框图

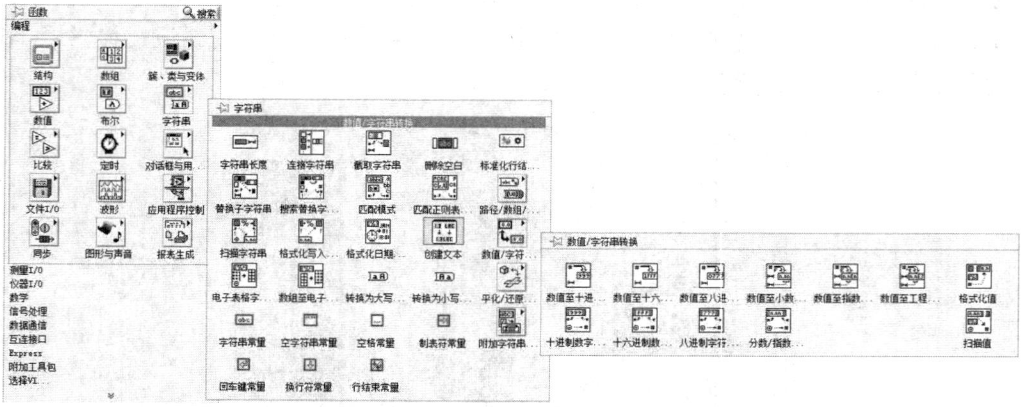

图 7.4.3　数值/字符串转换子选项板

练习与思考

1. 掌握串口通信的基本知识。
2. 掌握 LabVIEW 中串口通信的驱动安装和基本操作。
3. 编写一个串口发送程序。
4. 编写一个串口接收程序。
5. 对串口通信程序进行改造，以满足更为复杂的要求。

第 8 章 动态链接库使用

动态链接库（Dynamic Linkable Library，DLL），可以把 DLL 看成一种仓库，它提供一些可以直接拿来用的变量、函数或类。在 Windows 平台下，有大量的系统功能通过动态链接库提供。LabVIEW 可以通过互连接口，调用动态链接库，使用系统的功能。用户的核心功能代码，也可以编译成动态链接库，提供具有保密性质的功能。LabVIEW 调用动态链接库，除了注意正确使用链接库路径外，尤其要注意参数和返回值的配置使用。动态链接库，扩展了 LabVIEW 的互连接口，增强了各种功能代码的使用。

本章比较全面的介绍动态链接库的相关知识，以及如何在 LabVIEW 中正确使用动态链接库。

本章重点：

- 什么是动态链接库；
- 动态链接库的使用领域；
- 创建动态链接库；
- 调用简单的的动态链接库；
- 调用复杂的动态链接库。

8.1 关于动态链接库

8.1.1 什么是动态链接库

动态链接库（Dynamic Linkable Library，DLL），可以把 DLL 看成一种仓库，它提供一些可以直接拿来用的变量、函数或类。发展过程是“无库→静态链接库→动态链接库”的过程。静态链接库与动态链接库都是共享代码的方式，如果采静态链接库，lib 中的指令都被直接包含在最终生成的 EXE 文件中了。但是若使用 DLL，该 DLL 不必被包含在最终 EXE 文件中，EXE 文件执行时可以“动态”地引用和卸载这个与 EXE 独立的 DLL 文件。静态链接库和动态链接库的另外一个区别在于静态链接库中不能再包含其他的动态链接库或者静态库，而在动态链接库中还可以再包含其他的动态或静态链接库。

对动态链接库，我们还需建立如下概念：

1. DLL 的编制与具体的编程语言及编译器无关

只要遵循约定的 DLL 接口规范和调用方式，用各种语言编写的 DLL 都可以相互调用。譬如 Windows 提供的系统 DLL（其中包括了 Windows 的 API），在任何开发环境中都能被调用，不在乎其是 Visual Basic、Visual C++还是 Delphi。

2. 动态链接库随处可见

我们在 Windows 目录下的 system32 文件夹中会看到 kernel32.dll、user32.dll 和 gdi32.dll，windows 的大多数 API 都包含在这些 DLL 中。kernel32.dll 中的函数主要处理内存管理和进程调度，user32.dll 中的函数主要控制用户界面，gdi32.dll 中的函数则负责图形方面的操作。

一般的程序员都用过类似 MessageBox 的函数，其实它就包含在 user32.dll 这个动态链接库中。由此可见 DLL 对我们来说其实并不陌生。

3. VC 动态链接库的分类

Visual C++支持三种 DLL，它们分别是 Non-MFC DLL（非 MFC 动态库）、MFC Regular DLL（MFC 规则 DLL）、MFC Extension DLL（MFC 扩展 DLL）。

非 MFC 动态库不采用 MFC 类库结构，其导出函数为标准的 C 接口，能被非 MFC 或 MFC 编写的应用程序所调用；MFC 规则 DLL 包含一个继承自 CWinApp 的类，但其无消息循环；MFC 扩展 DLL 采用 MFC 的动态链接版本创建，它只能被用 MFC 类库所编写的应用程序所调用。

8.1.2 动态链接库的使用领域

动态链接库 DLL 实现了库的共享，体现了代码重用的思想。我们可以把广泛的、具有共性的、能够多次被利用的函数和类定义在库中。这样，再次使用这些函数和类的时候，就不再需要重新添加与这些函数和类相关的代码。

动态链接库的使用领域：

1. 通用的算法

图像处理、视频音频解码、压缩与解压缩、加密与解密通常采用某些特定的算法，这些算法较固定且在这类程序中往往经常被使用。

2. 纯资源 DLL

我们可以从 DLL 中获取资源，对于一个支持多种语言的应用程序而言，可以判断操作系统的语言，并自动为应用程序加载与 OS 对应的语言。这是多语言支持应用程序的一般做法。

3. 通信控制 DLL

串口、网口的通信控制函数如果由 DLL 提供则可以使应用程序轻松不少。在工业控制、modem 程序甚至 socket 通信中，经常使用通信控制 DLL。

8.2 创建动态链接库

8.2.1 创建动态链接库

为了使用更为通用的动态链接库，作者以 VS2008 为开发环境，在 Win7 操作系统中创建 Win32 动态链接库。

启动 VS2008 以后，选择“菜单”→“新建”→“项目”→“Win32”→“Win32 项目”，如图 8.2.1 所示。填写好名称，这里取名为“DllExample”；选择好位置，位置为“D 盘”。

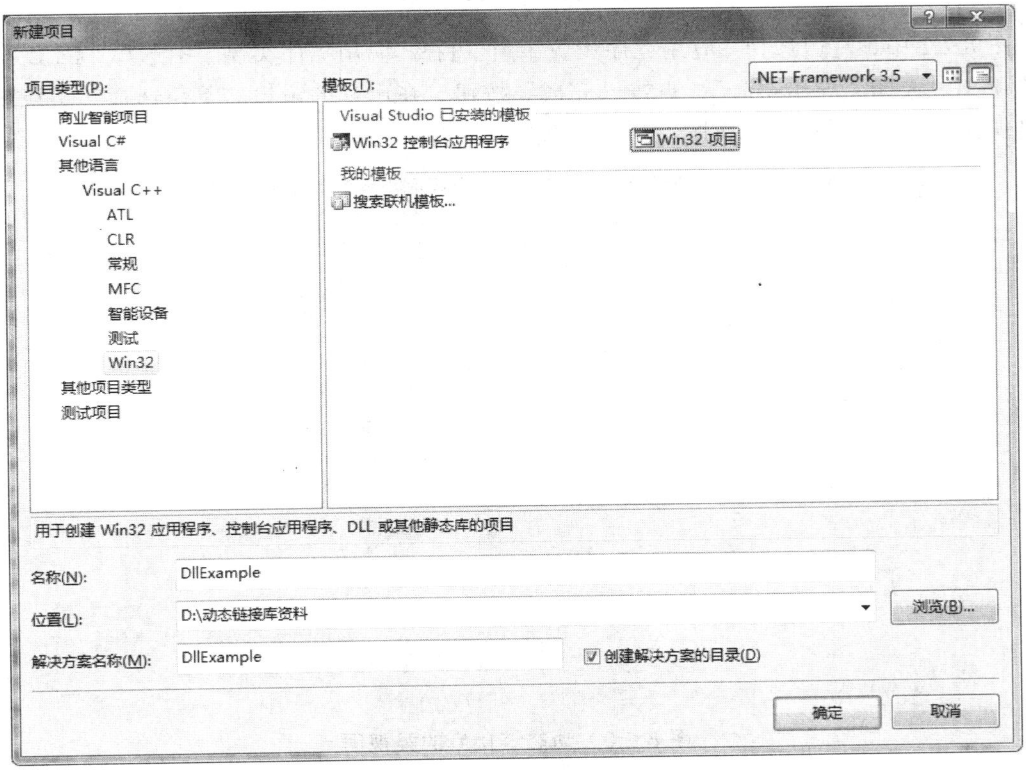

图 8.2.1　创建项目

图 8.2.1 中，填写好必要的内容后，点击“确定”按钮，将出现如图 8.2.2 所示的界面。

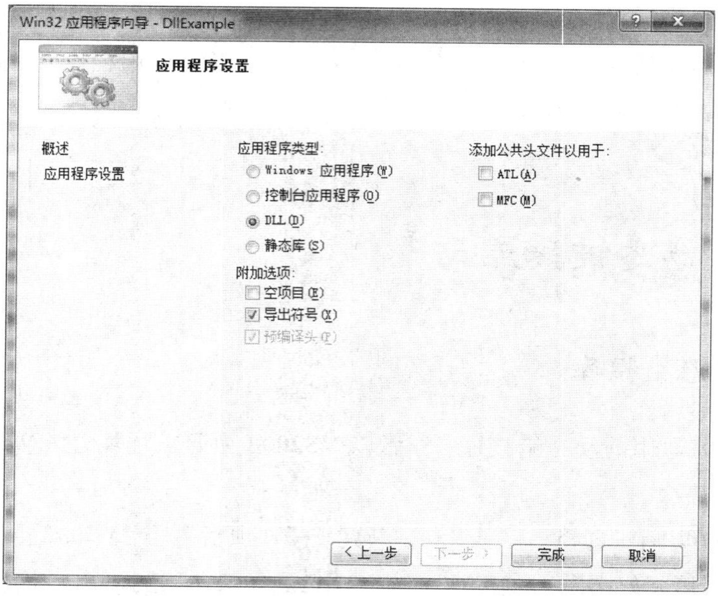

图 8.2.2 创建导出符号类型的 DLL

图 8.2.2 中，左边选择“应用程序设置”，右边在“应用程序类型”中选择“DLL”，“附加选项”中选择“导出符号”，点击“完成”按钮，在出现的窗口右下角选择“类视图”，将出现如图 8.2.3 所示的类视图。

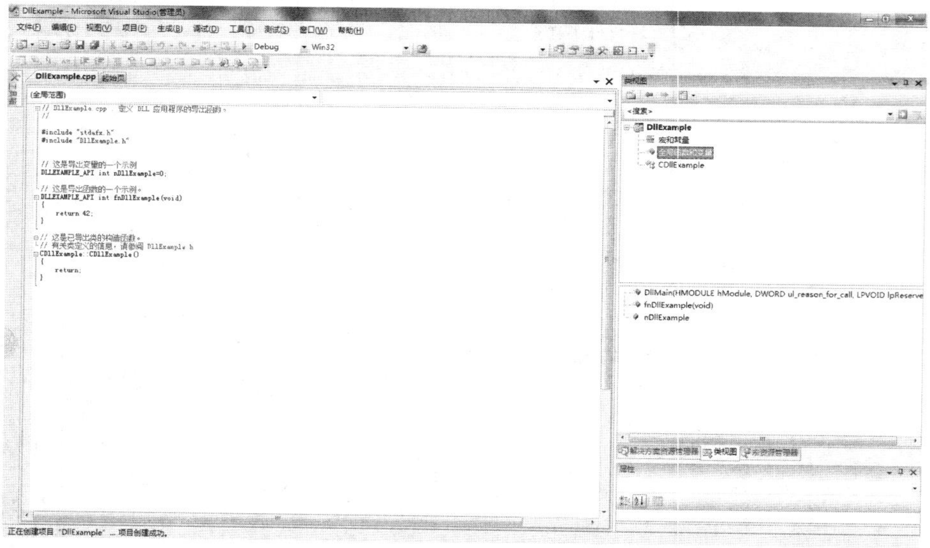

图 8.2.3 动态链接库的类视图

图 8.2.3 中，右上部分双击“全局函数和变量”，将会在右下部分出现系统默认的整型全局变量 nDllExample 和全局函数 fnDllExample。双击全局函数 fnDllExample，窗口左部分将出现该函数的函数体，读者可以发现，该函数没有进行任何的计算，只是返回了一个整型的值 42。

双击图 8.2.4 中右上部分的默认类名 CDllExample，将会在窗口左半部分中出现该类的声明，同时也能看到整型全局变量 nDllExample 和全局函数 fnDllExample 的声明。而且，有一个宏定义“#define DLLEXAMPLE_API_declspec（dllexport）”需要注意，声明之前有一段文字对其进行了解释，主要是为了使该动态链接库的变量、函数和类能够便于导出使用。

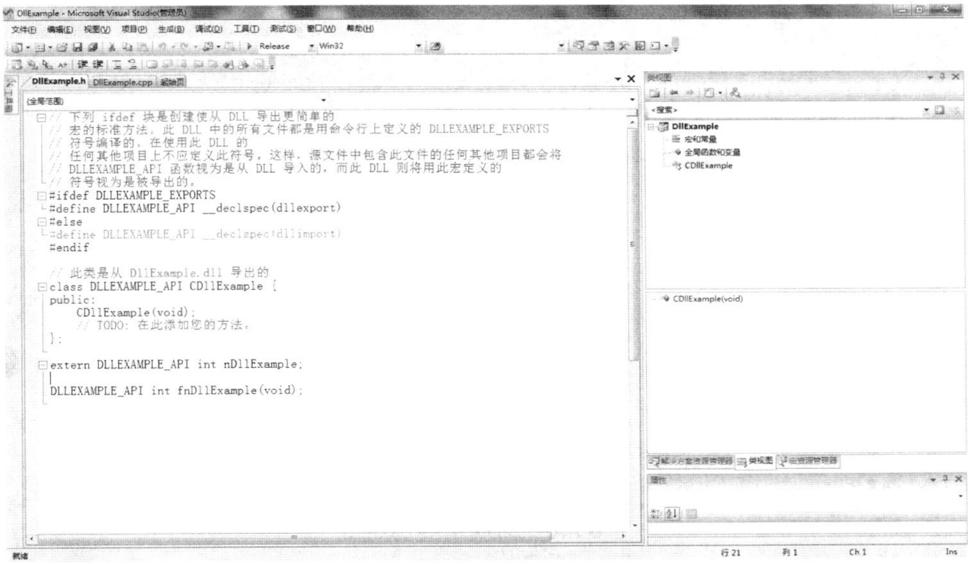

图 8.2.4　类与函数声明

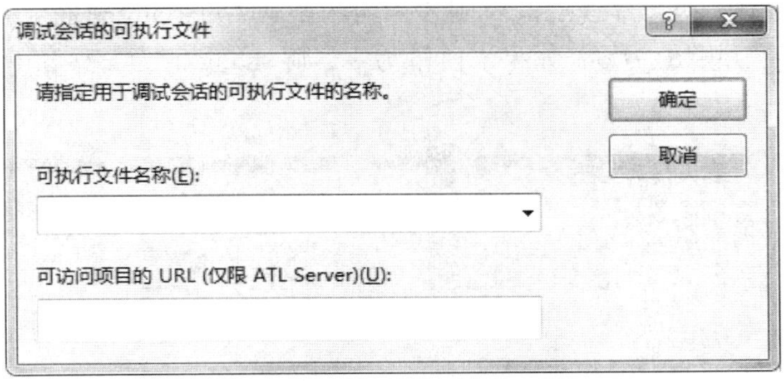

图 8.2.5　调试会话框

编译项目，如果没有错误，将会出现如图 8.2.5 所示的界面，项目的 Release 或 Debug 目录中，将会出现 DllExample.dll 和 DllExample.lib 文件。

8.2.2　动态链接库中增加功能函数

对于动态链接库的使用，开发者都是需要增加自己的功能的。如图 8.2.6 所示，在类视图中，点击类名“CDllExample”，将会在窗口左半部分出现类的声明，这里也可以声明开发者需要的函数和变量。在图中虚线部分，作者声明了一个获取两个整数的商函数 GetShang，与一般函数声明的唯一不同就是前面有一个宏定义 DLLEXAMPLE_API，该宏定义在前面一节有所介绍，实际上等同于__declspec（dllexport），也就是允许从动态链接库中导出。函数 GetShang 包含两个整数 x 和 y，然后返回值为整型。

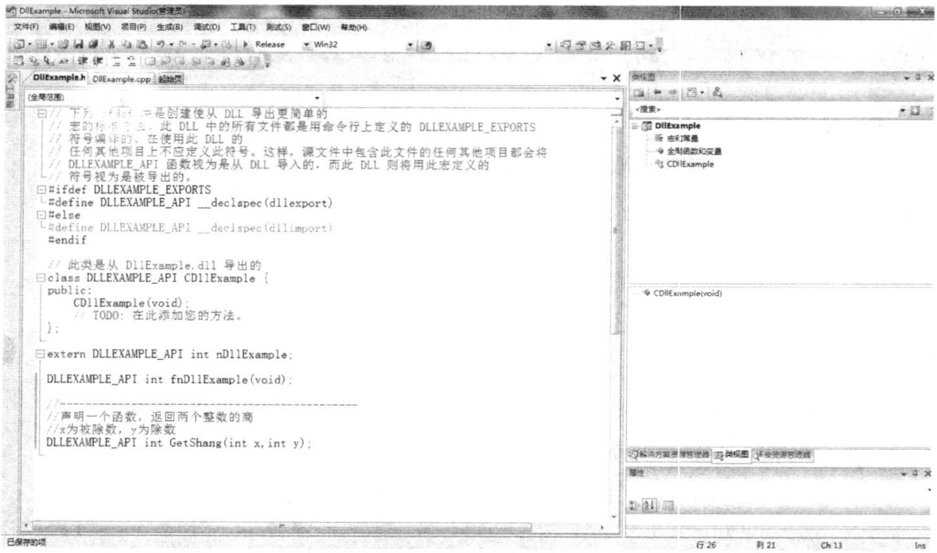

图 8.2.6 声明需要的函数

双击图 8.2.6 右上部分的“全局函数和变量”，将会出现如图 8.2.7 所示的界面。窗口左半部分包含函数体，两条虚线之间对刚才声明的函数 GetShang 进行了功能实现：声明一个临时变量 shang，并赋值为零，如果 y 值不为零，则 shang 值为 x 整除 y 的商，否则 shang 值为零。

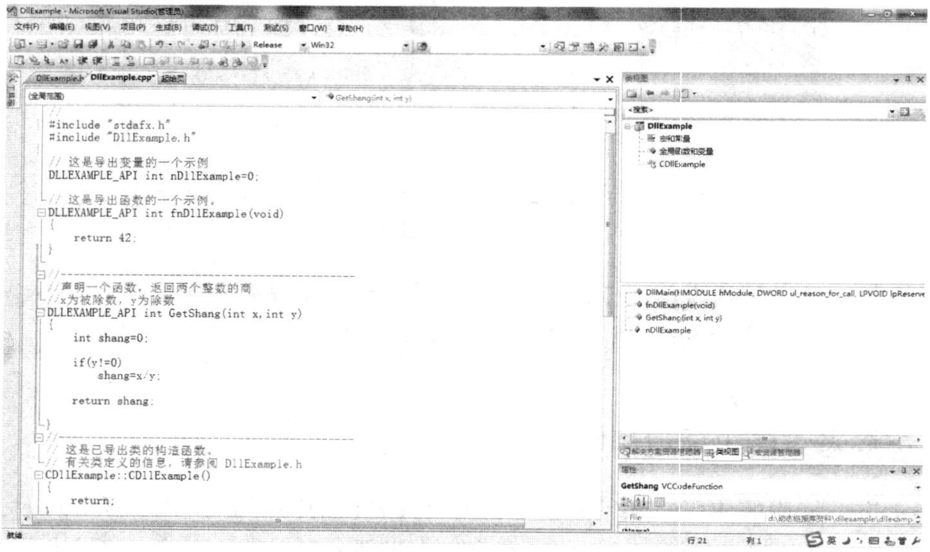

图 8.2.7 函数体

调试编译后，如果没有问题，将会把开发者自己声明的函数 GetShang 包含进动态链接库中，可以提供给别人使用。

8.3　简单动态链接库的调用

上一节简单介绍了动态链接库的开发过程，主要是为了便于动态链接库的使用者对整个过程有更为清晰完整的认识。实际上，动态链接库的使用者可以完全不用关心其开发过程，只需根据简要的说明，调用动态链接库即可，尤其是在 LabVIEW 环境中使用动态链接库。

LabVIEW 环境中对动态链接库和应用程序都提供了良好的调用接口，在程序框图中，“互连接口”→“库与可执行程序”子选项板中，提供了“调用库函数”和“执行系统命令”两个节点。

这一节中，作者以调用上一节添加的函数 GetShang 为例子，详细介绍调用动态链接的过程。

8.3.1　LabVIEW 程序设计

LabVIEW 程序设计，主要包含前面板设计和程序框图设计。

1. 前面板设计

前面板设计如图 8.3.1 所示，主要包含 4 个控件。前面板的左半部分为 2 个滑动杆，其中，“滑动杆”代表被除数 x，“滑动杆 2”代表除数 y，为了便于观察实际数值，首先把滑动杆的数据类型修改为整型，然后右键单击控件，在菜单“显示项”中选中“数字显示”。前面板右半部分为一个数值显示控件和一个停止按钮，数值显示控件用于显示商值，停止按钮用于控制程序的运行。

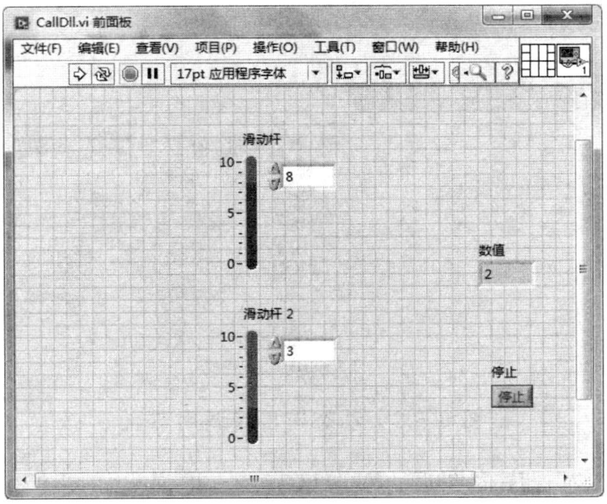

图 8.3.1　前面板设计

2. 程序框图设计

程序框图设计如图 8.3.2 所示，只是简单的添加了一个 While 循环结构，同时把停止按钮与 While 循环的停止接线端相连。

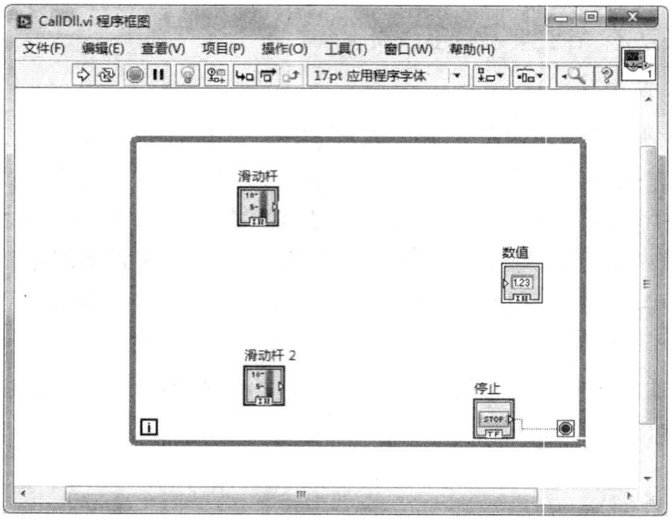

图 8.3.2 程序框图设计

8.3.2 动态链接库调用及其配置

前面一节，已经设计好了前面板和程序框图，如果要真正实现功能，还需要调用动态链接库。在程序框图中，右键单击弹出窗口，选择“互连接口”→“库与可执行程序”，如图 8.3.3 所示，第一个节点就是调用库函数节点。

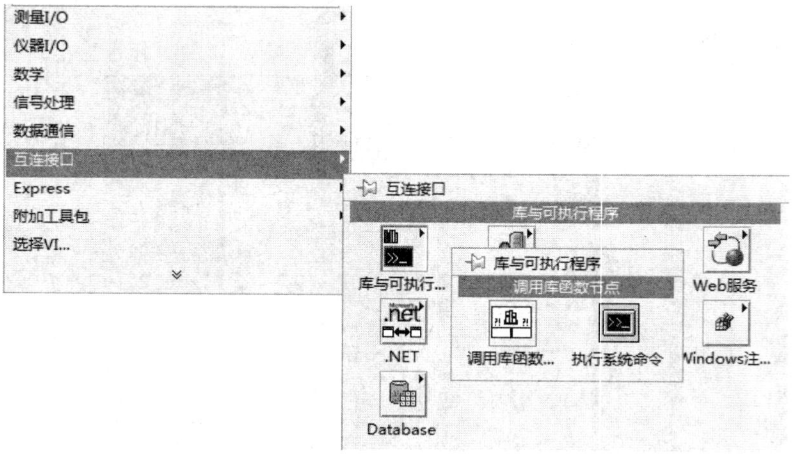

图 8.3.3 动态链接库调用节点

调用库函数节点放入程序框图后，双击该节点，将弹出如图 8.3.4 所示的窗口。在“函数”标签之下，配置“库名/路径”，鼠标点击文件夹图标，在弹出窗口中选择动态链接库所在的位置，图中为“D：\动态链接库资料\DllExample\Release\DllExample.dll”，当然，最好把动态链接库与 VI 程序放在一个目录之下。然后在“函数名”下拉列表中选择 GetShang 函数，“线程”使用默认值“在 UI 线程中运行”，调用规范使用默认值“C”。

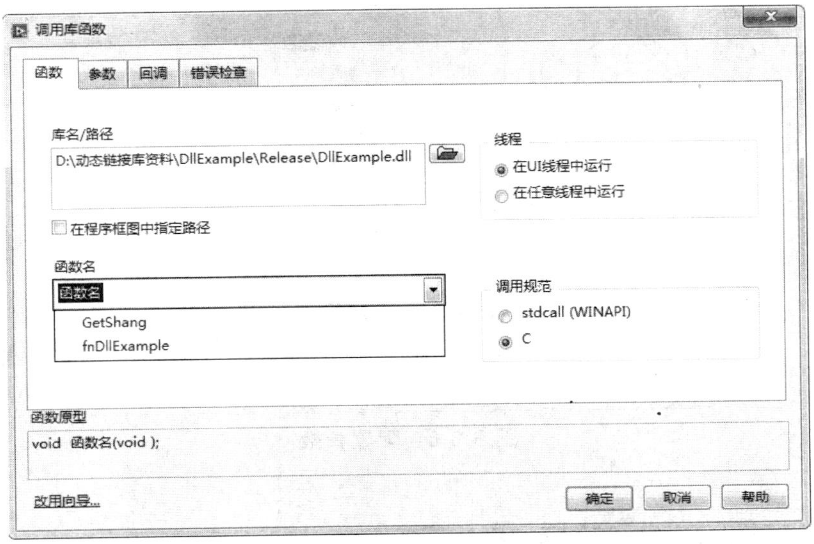

图 8.3.4　调用库函数

选择好动态链接库的路径和其中的函数之后，选择“参数”标签，如图 8.3.5 所示。第一个参数为返回值，其右端有“当前参数”配置框，名称为“返回类型”，类型为“数值”，数据类型为“有符号 32 位整数”。返回类型配置完成后，点击左端的“+”按钮，添加参数，如图 8.3.6 所示。我们选择的函数 GetShang 有两个参数，“参数 1”为被除数，“参数 2”为除数，其类型都为“数值”，数据类型都为“有符号 32 位整型”，传递为“值”。当然，参数名称是可以修改的，窗口下半部分为函数原型，可以参考查看是否与函数声明一致。

图 8.3.5　配置返回类型

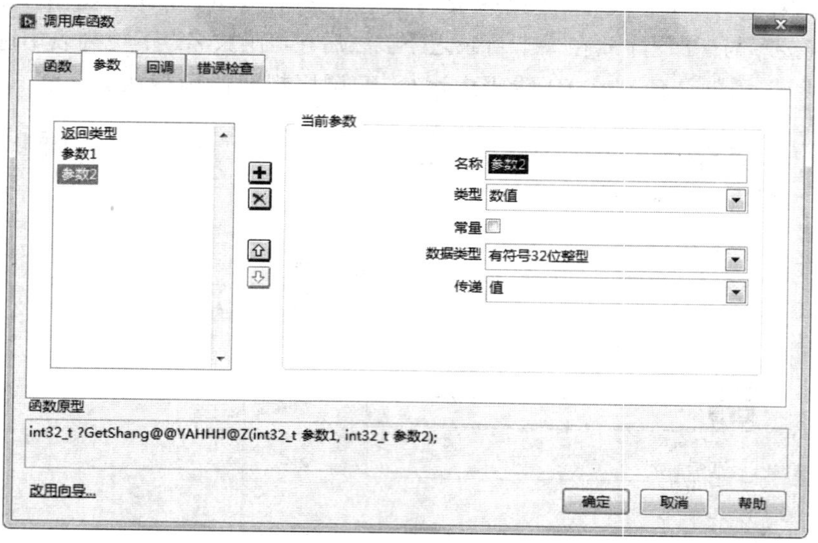

图 8.3.6　配置参数

8.3.3　程序框图连线及运行结果

库函数调用节点的参数配置完成后，还需要在程序框图中进行连线，如图 8.3.7 所示，调用节点的左端从上往下第二个接线端开始用于连接输入参数，这里的 GetShang 函数只有两个输入参数，即被除数和除数。因此，滑动杆连接第二个接线端，作为被除数，滑动杆 2 连接第三个接线端，作为除数。调用节点的右端为输出端，从上往下第一个接线端为返回值，连接数值控件。

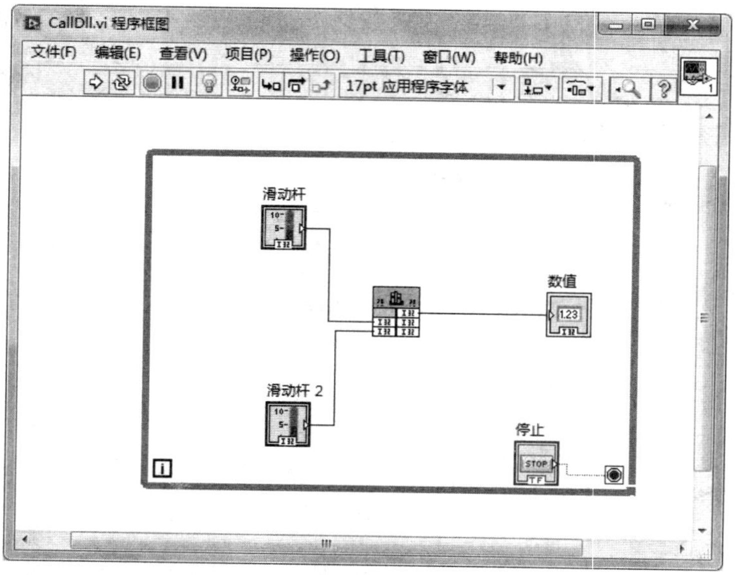

图 8.3.7　动态链接库连线

连接完成后，运行程序，如图 8.3.8 所示，“被除数”为 8，“除数”为 3，“商”为 2。可以调节滑动杆的值，改变“被除数”或者“除数”，“商”值会随之做出改变。

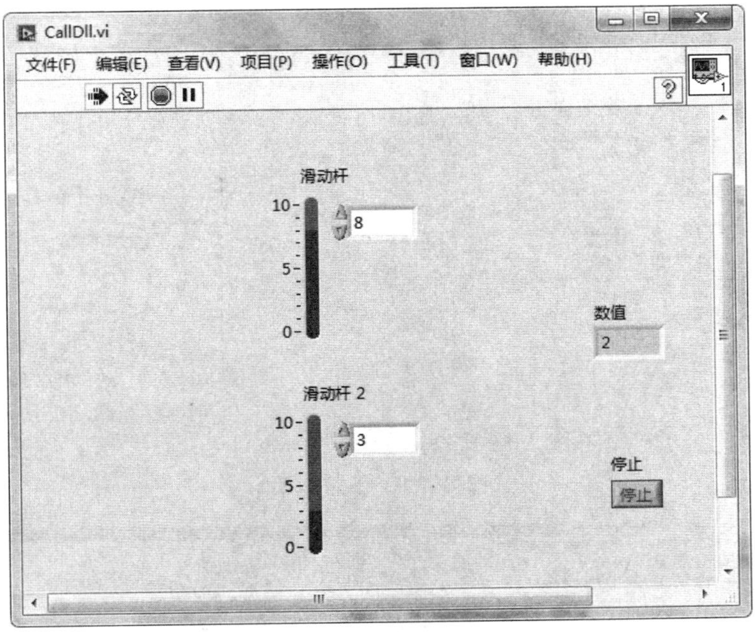

图 8.3.8　运行结果

8.4　复杂动态链接库的调用

8.4.1　复杂动态链接库设计

动态链接库的设计，一般来说都较为复杂。包含较为复杂的算法设计，或者包含保密的功能。本节设计的动态链接库的功能主要是为了实现一次返回多个值，涉及指针参数的使用。

如图 8.4.1 所示，作者声明了一个函数 GetShang2，该函数需要返回两个参数，一个是“商”，一个是“余数”，采用了两个整型指针参数。其他参数与上一节的函数 GetShang 一致，返回类型为整型，被除数 *x* 为整型，除数 *y* 为整型，当然，不要忘记了使用动态链接库可导出函数的宏 DLLEXAMPLE_API。

如图 8.4.2 所示为函数 GetShang2 的实现体。首先，对于商 Shang 初始化为零，对于余数 Yu 也初始化为零，使用中需要掌握指针参数的赋值操作与地址操作的正确方式。然后，对除数进行了判断，当 *y* 值为非零时，按正确的方式进行除数和余数的运算，否则返回 1 值。

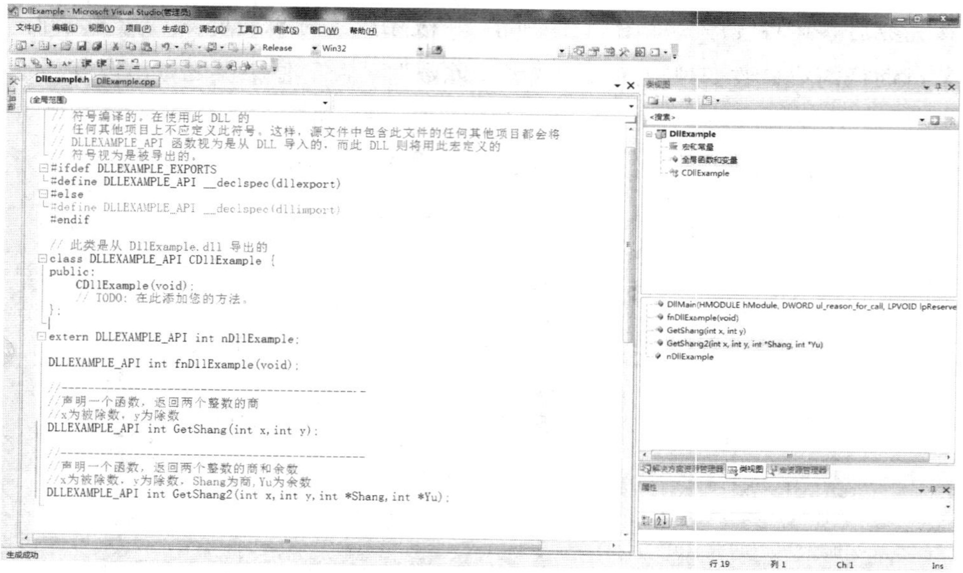

图 8.4.1 函数声明

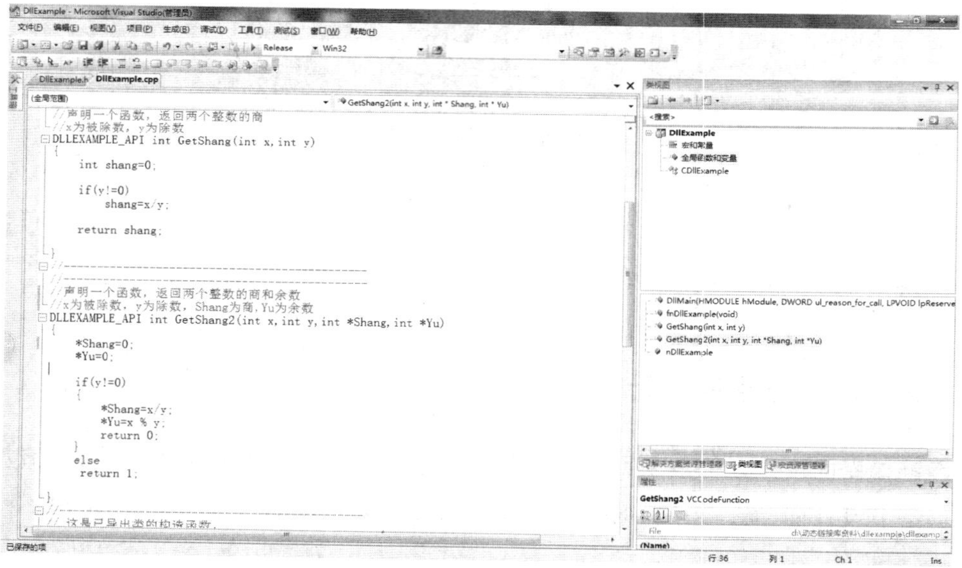

图 8.4.2 函数实现

调试完成后，编译项目，产生动态链接库。

8.4.2 LabVIEW 程序设计

LabVIEW 程序的设计，也分为前面板设计和程序框图设计。

1. 前面板设计

与前一节稍微不同的是，前面板多了一个控件，用于显示余数，如图 8.4.3 所示。窗口左半部分，滑动杆为被除数 x 的输入值，滑动杆 2 为除数 y 的输入值，同时把两个滑动杆的数值类型调整为有符号 32 位整数；另外，右键单击滑动杆，在弹出菜单中选择“显示项”→“数值显示”，可以显示精确的数值。

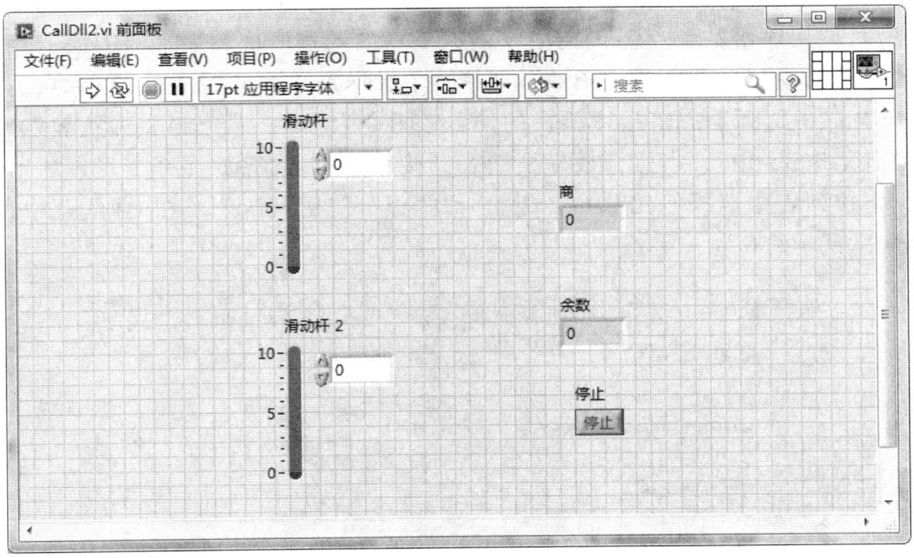

图 8.4.3　前面板设计

窗口右半部分，有两个数值显示控件，标签分别修改为“商”和“余数”，另外还有一个停止按钮。

2. 程序框图设计

程序框图设计如图 8.4.4 所示，主要节点与前面板控件相对应，只增加了一个 While 循环结构，用于控制程序的运行，While 循环的停止接线端与停止按钮相连。

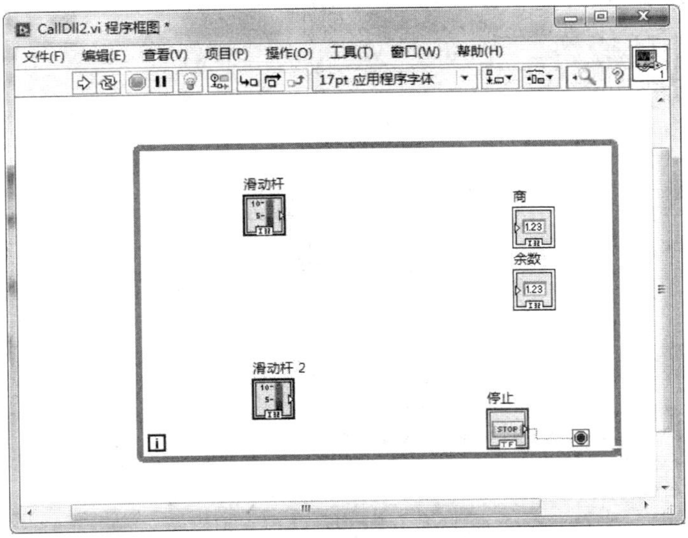

图 8.4.4　程序框图设计

8.4.3 动态链接库调用及其配置

前面一节，已经设计好了前面板和程序框图，如果要真正实现功能，还需要调用动态链接库。在程序框图中，右键单击弹出窗口，选择“互连接口”→“库与可执行程序”，第一个节点就是调用库函数节点。将调用库函数节点放入程序框图后，双击该节点，将弹出如图 8.4.5 所示的窗口。首先在“函数”标签之下，配置“库名/路径”，鼠标点击文件夹图标，在弹出窗口中选择动态链接库所在的位置，图中为“D：\动态链接库资料\DllExample\Release\ DllExample.dll”，当然，最好把动态链接库与 VI 程序放在一个目录之下。然后在“函数名”下拉列表中选择 GetShang2 函数，“线程”使用默认值“在 UI 线程中运行”，调用规范使用默认值“C”。

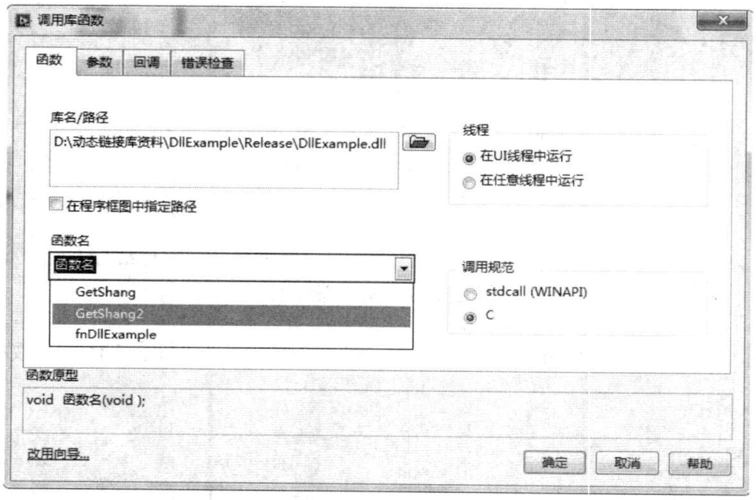

图 8.4.5 调用库函数

选择好动态链接库的路径和其中的函数之后，选择“参数”标签，如图 8.4.6 所示。

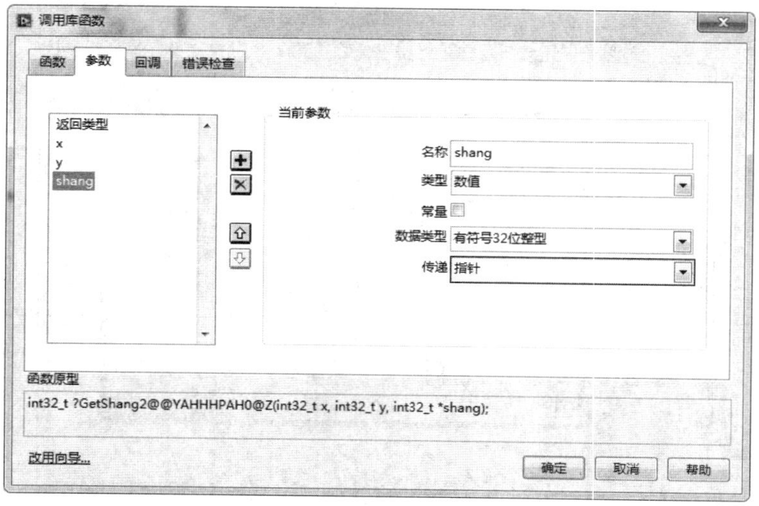

图 8.4.6 配置参数

第一个参数为返回值，其右端有“当前参数”配置框，名称为“返回类型”，类型为“数值”，数据类型为“有符号 32 位整数”。返回类型配置完成后，点击左端的“+”按钮，添加参数。我们选择的函数 GetShang2 有四个参数，参数 1 为被除数 x，参数 2 为除数 y，其类型都为“数值”，数据类型都为“有符号 32 位整型”，传递为“值”。这些都与前面的调用一致，这里需要特别注意的是后面两个参数的配置。如图 8.4.6 所示，第三个参数名称为“shang”，类型为“数值”，数据类型为“有符号 32 位整数”，传递为“指针”，第四个参数余数与此类似。对于指针类型的参数，一定要使用指针传递，否则不能正常完成功能。

8.4.4　程序框图连线及运行结果

正确配置完成后，程序框图如图 8.4.7 所示。这里需要特别注意的是两个指针型的输入参数，其配置不在库函数调用节点的左端，而是在库函数调用节点的右端。

在图 8.4.7 中，库函数调用节点的左端，从上往下第二个接线端连接滑动杆，表示被除数 x，第三个接线端连接滑动杆 2，表示除数 y，商和余数的接线端在库函数调用节点的右端，而不在左端。在库函数调用的右端，从上往下第四个接线端连接商控件，第五个接线端连接余数控件。

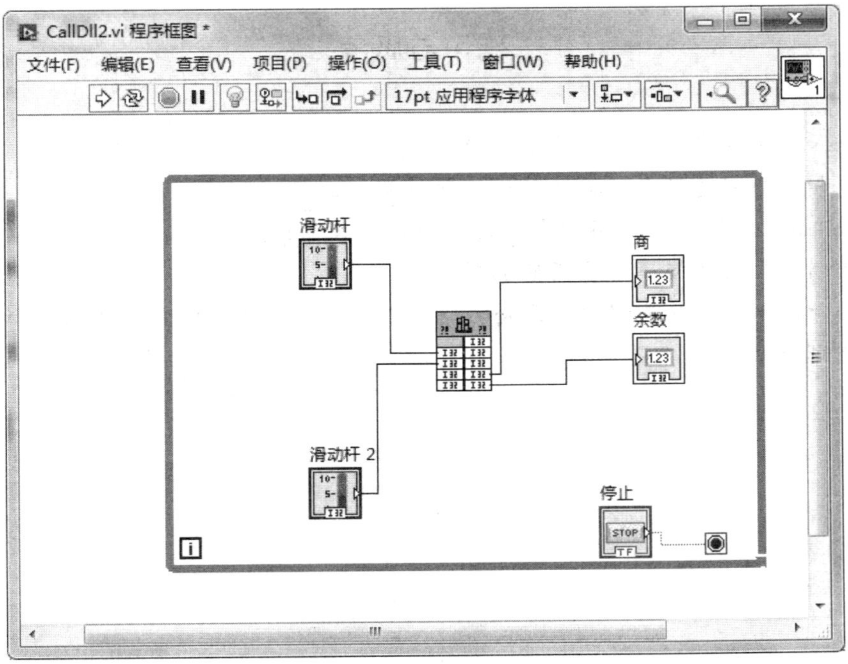

图 8.4.7　程序框图连线

连接配置完成后，进行正确的连线，运行程序，如图 8.4.8 所示。被除数 x 的滑动杆值为 7，除数 y 的滑动杆值为 3，商值为 2，余数值为 1，结果正确。还可以调节滑动杆的值，调整被除数或除数的值，可以得到正确的商和余数。

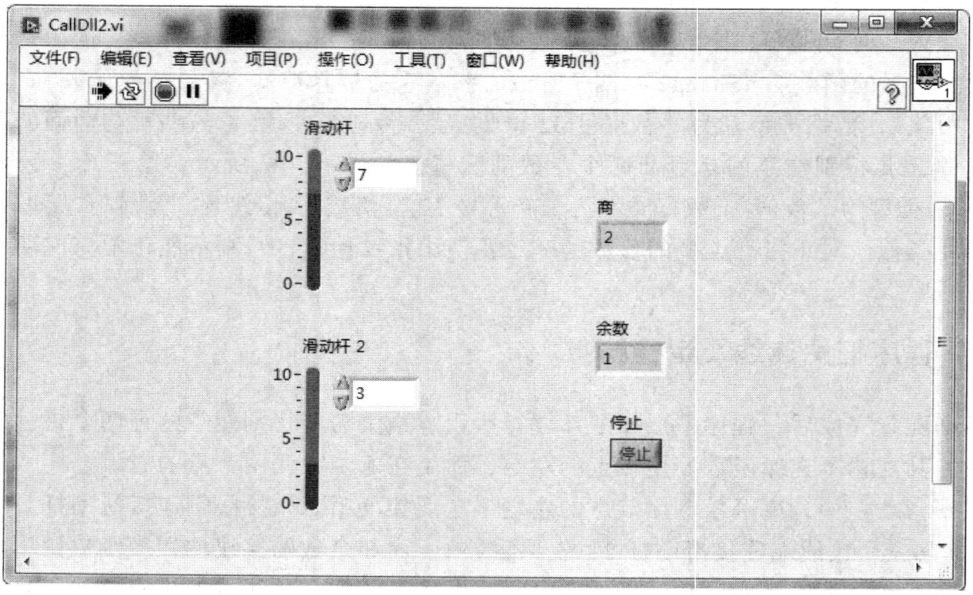

图 8.4.8 运行结果

练习与思考

1. 了解和掌握动态链接库的基本知识。
2. 了解和掌握创建动态链接库的过程和步骤。
3. 掌握 LabVIEW 程序调用动态链接库的过程和步骤。
4. 掌握调用动态链接库中参数的配置。
5. 编写一个动态链接库程序，函数功能是分别得到一个两位数的个位数和十位数，并在 VI 程序中进行使用。

第 9 章 网络通信程序设计

网络通信，本质上是依赖于 TCP/IP 协议。本章简单介绍了 TCP/IP 协议族，以及常见的网络编程对象 Socket。LabVIEW 提供了丰富的网络通信子节点和功能强大的 DataSocket Server，使网络程序设计变得非常简单。LabVIEW 中的 DataSocket 可以通过前面板绑定或程序框图编程，实现网络通信。同时，LabVIEW 还可以实现 Web 程序开发。在此基础上，比较详细的介绍了更为通用的 UDP 网络通信程序设计。

本章比较全面的介绍 LabVIEW 中的网络通信程序设计开发和相关内容。

本章重点：

- TCP/IP 协议族；
- Socket 套接字的使用；
- DataSocket 传递数据；
- DataSocket Server 设置；
- DataSocket 前面板绑定；
- DataSocket 程序框图编程；
- UDP 程序设计；
- Web 上发布程序。

9.1 关于网络通信

9.1.1 TCP/IP 协议简介

TCP/IP 协议族是 Internet 的基础，分为四层结构，如图 9.1.1 所示。

TCP/IP 协议族的四层结构分别是网络层、传输层、网际层和网络接口层。TCP/IP 协议族的特点是上下两头大而中间小，应用层和网络接口层都有多重协议，而中间的 IP 层很小。如图 9.1.1 左半部分所示，上层的各种协议都向下汇聚到一个 IP 协议汇中。如图 9.1.1 右半部分所示，下层的各种协议都向上汇聚到一个 IP 协议汇中。该模型特别像一个沙漏：向上，TCP/IP 协议族可以为各种各样的应用提供服务；向下，允许 IP 协议在各种各样的网络构成的互连网上运行。IP 协议在英特网中起着核心作用。

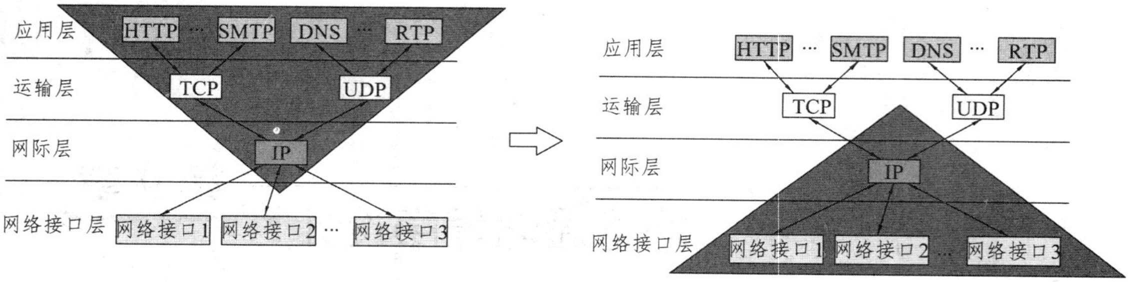

图 9.1.1 TCP/IP 协议族的协议体系

计算机网络中两个通信的主机，通过路由器可以跨越多个局域网，进行相互通信。如图 9.1.2 所示，图中的路由器在转发分组时最高只用到网络层而没有使用运输层和应用层。

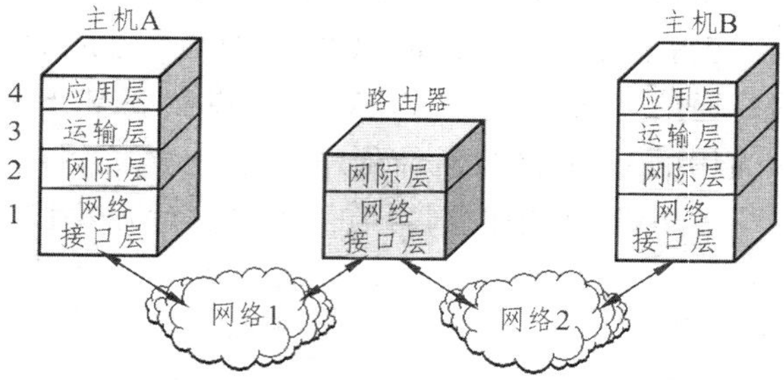

图 9.1.2 主机通信中的 TCP/IP 协议族

计算机网络中，主机利用 TCP/IP 协议族通信，实际上是协议栈通信，如图 9.1.3 所示。

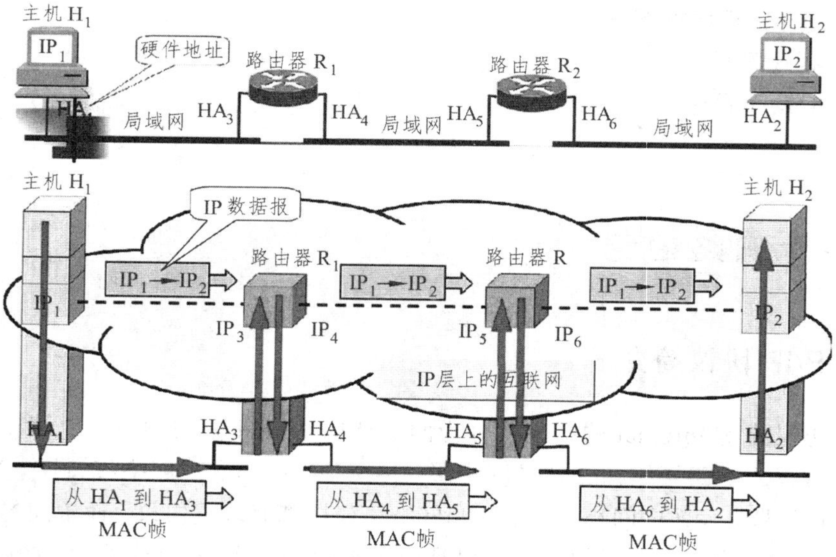

图 9.1.3 协议栈通信

网络接口层，是利用具体的局域网协议进行通信；网际层是利用 IP 协议进行通信；传输层是利用 TCP 和 UDP 两个协议进行传输控制；应用层是利用具体的应用层协议进行通信。对于 TCP/IP 复杂的协议结构，操作系统已经提供了完整的解决方式，同时预留了很多接口供用户使用。网络编程最应该掌握的编程模型是套接字（Socket）模型，后面一节将进行较为详细的介绍。

网络编程中，一个必须掌握的基础知识就是关于网络中的地址，如图 9.1.4 所示。在网络接口层，以太网使用 MAC 地址进行机器地址识别；在上面三层，程序使用 IP 地址进行机器地址识别；用户通过域名进行机器地址识别，用端口号进行具体的通信程序识别。

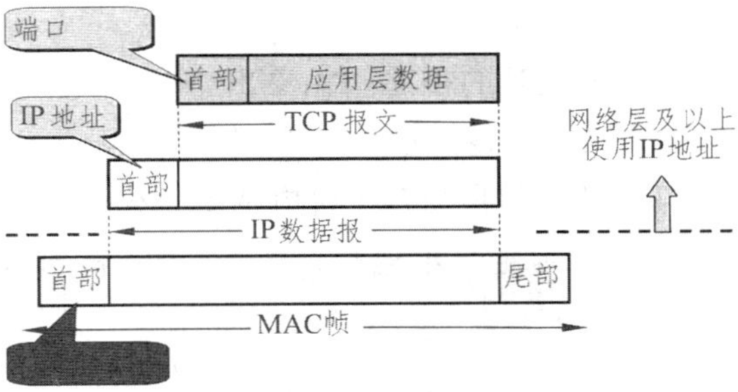

图 9.1.4　网络地址层次

MAC 地址、IP 地址和域名这三种地址服务于不同的对象。MAC 地址属于硬件地址，固定于网卡之中，用于以太网中的机器识别；IP 地址与具体的硬件没有关系，属于逻辑地址，用于在网际层及其以上层识别机器；域名是供人类用户使用，一般为有意义的字母组合组成，便于记忆，用于用户层识别网络机器，尤其是访问网站时会带来很大的方便。

这三种地址都只能用于识别机器，可以利用相关协议进行相关联地址转换。MAC 地址与 IP 地址之间，使用 ARP 协议进行相互转换；IP 地址与域名之间可以使用域名系统 DNS 进行相互转换。

计算机网络通信，本质上是具体的两个程序相互通信。前面三种地址都只能定位到机器，无法定位到程序。计算机网络中使用端口（Port）来定位到具体的通信程序。因此，网络编程中，最常用的地址就是 IP 地址加端口号，即 IP：Port。某些没有使用端口号的地址，也是使用的默认端口号。关于 IP 地址和端口号，读者可以参阅有关计算机网络的书籍，进行进一步的掌握。总之一句话：IP 地址定位到机器，端口号定位到程序。

9.1.2　Socket 套接字

socket 非常类似于电话插座。以一个国家级电话网为例。电话的通话双方相当于相互通信的 2 个进程，区号是它的网络地址；区内一个单位的交换机相当于一台主机，主机分配给每个用户的局内号码相当于 socket 号。任何用户在通话之前，首先要占有一部电话机，相当于申请一个 socket；同时要知道对方的号码，相当于对方有一个固定的 socket。然后向对方拨号呼叫，相当于发出连接请求（假如对方不在同一区内，还要拨对方区号，相当于给出网络地址）。对方假如在场并空闲（相当于通信的另一主机开机且可以接受连接请求），拿起电话话筒，双方就可以正式通话，相当于连接成功。双方通话的过程，是一方向电话机发出信号和对方从电话机接收信号的过程，相当于向 socket 发送数据和从 socket 接收数据。通话结束后，一方挂起电话机相当于关闭 socket，撤销连接。

在电话系统中，一般用户只能感受到本地电话机和对方电话号码的存在，建立通话的过程、话音传输的过程以及整个电话系统的技术细节对其都是透明的，这也与 socket 机制非常相似。socket 利用网络通信设施实现进程通信，但它对通信设施的细节毫不关心，只要通信设施能提供足够的通信能力就行了。

至此，我们对 socket 进行了直观的描述。抽象出来，socket 实质上提供了进程通信的端点。进程通信之前，双方首先必须各自创建一个端点，否则是没有办法建立联系并相互通信的。正如打电话之前，双方必须各自拥有一台电话机一样。在网间网内部，每一个 socket 用一个半相关描述：（协议，本地地址，本地端口）。一个完整的 socket 有一个本地唯一的 socket 号，由操作系统分配。最重要的是，socket 是面向客户/服务器模型而设计的，针对客户和服务器程序提供不同的 socket 系统调用。客户随机申请一个 socket（相当于一个想打电话的人可以在任何一台入网电话上拨号呼叫），系统为之分配一个 socket 号；服务器拥有全局公认的 socket，任何客户都可以向它发出连接请求和信息请求（相当于一个被呼叫的电话拥有一个呼叫方知道的电话号码）。

socket 利用客户/服务器模式巧妙地解决了进程之间建立通信连接的问题。服务器端的 socket 固定不变是非常重要的。读者不妨考虑一下，两个完全随机的用户进程之间如何建立通信？假如通信双方没有任何一方的 socket 固定，就好比打电话的双方彼此不知道对方的电话号码，要通话是不可能的。

在 Internet 上有很多主机，这些主机一般运行了多个服务软件，同时提供几种服务。每种服务都打开一个 Socket，并绑定到一个端口上，不同的端口对应于不同的服务。Socket 正如其英文原意那样，像一个多孔插座。一台主机犹如布满各种插座的房间，每个插座有一个编号，有的插座提供 220 伏交流电，有的提供 110 伏交流电，有的则提供有线电视节目。客户软件将插头插到不同编号的插座，就可以得到不同的服务。

一个 Server-Client（客户端/服务器）模型程序的开发原理：

服务器：使用 ServerSocket 监听指定的端口，端口可以随意指定（由于 1024 以下的端口通常属于保留端口，在一些操作系统中不可以随意使用，所以建议使用大于 1024 的端口），等待客户连接请求，客户连接后，会话产生；在完成会话后，关闭连接。

客户端：使用 Socket 对网络上某一个服务器的某一个端口发出连接请求，一旦连接成功，打开会话；会话完成后，关闭 Socket。客户端不需要指定打开的端口，通常临时的、动态的分配一个 1024 以上的端口。

Socket 接口是 TCP/IP 网络的 API，Socket 接口定义了许多函数或例程，程序员可以用它们来开发 TCP/IP 网络上的应用程序。要学 Internet 上的 TCP/IP 网络编程，必须理解 Socket 接口。Socket 接口设计者最先是将接口放在 Unix 操作系统里面的。如果了解 Unix 系统的输入和输出的话，就很容易了解 Socket 了。网络的 Socket 数据传输是一种特殊的 I/O，Socket

也是一种文件描述符。Socket 也具有一个类似于打开文件的函数调用 Socket( )，该函数返回一个整型的 Socket 描述符，随后的连接建立、数据传输等操作都是通过该 Socket 实现的。

常用的 Socket 类型有两种：流式 Socket（SOCK_STREAM）和数据报式 Socket（SOCK_DGRAM）。流式 Socket 是一种面向连接的 Socket，针对于面向连接的 TCP 服务应用；数据报式 Socket 是一种无连接的 Socket，对应于无连接的 UDP 服务应用。为了建立 Socket，程序可以调用 Socket 函数，该函数返回一个类似于文件描述符的句柄。Socket 函数原型为：int socket（int domain，int type，int protocol），domain 指明所使用的协议族，通常为 PF_INET，表示互联网协议族（TCP/IP 协议族）；type 参数指定 Socket 的类型：SOCK_STREAM 或 SOCK_DGRAM，Socket 接口还定义了原始 Socket（SOCK_RAW），允许程序使用低层协议；protocol 通常赋值“0”。Socket( ) 调用返回一个整型 socket 描述符，你可以在后面的调用使用它。Socket 描述符是一个指向内部数据结构的指针，它指向描述符表入口。调用 Socket 函数时，Socket 执行体将建立一个 Socket，实际上“建立一个 Socket”意味着为一个 Socket 数据结构分配存储空间。Socket 执行体称为管理描述符表。两个网络程序之间的一个网络连接包括五种信息：通信协议、本地协议地址、本地主机端口、远端主机地址和远端协议端口。Socket 数据结构中包含这五种信息。Socket 在测量软件中的使用也很广泛。

Socket 深层次理解：

Socket 编程基本包括 listen，accept 以及 send，write 等几个基本的操作。对于网络编程，一般会使用 TCP/IP，似乎其它网络协议已经不存在了。我们还知道 TCP 和 UDP，前者可以保证数据的正确和可靠性，后者则允许数据丢失。最后，在建立连接前，还必须知道对方的 IP 地址和端口号。除此之外，普通的程序员就不会知道太多了，很多时候这些知识已经够用了。最多在写服务程序的时候，会使用多线程来处理并发访问。

我们还应知道如下几个事实：

（1）一个指定的端口号不能被多个程序共用。比如，如果 IIS 占用了 80 端口，那么 Apache 就不能也用 80 端口了。

（2）很多防火墙只允许特定目标端口的数据包通过。

（3）服务程序在 listen 某个端口并 accept 某个连接请求后，会生成一个新的 socket 来对该请求进行处理。

于是，一个困惑我们很久的问题就产生了。如果一个 Socket 创建并与 80 端口绑定后，是否就意味着该 socket 占用了 80 端口呢？如果是这样的，那么当其 accept 一个请求后，生成的新的 socket 到底使用的是什么端口呢（编者之前一直以为系统会默认给其分配一个空闲的端口号）？如果是一个空闲的端口，那一定不是 80 端口了，于是以后的 TCP 数据包的目标端口就不是 80 了——防火墙一定会阻止其通过。实际上，我们可以看到，防火墙并没有阻止这样的连接，而且这是最常见的连接请求和处理方式。为什么防火墙没有阻止这样的连接？它是如何判定那条连接是因为连接 80 端口而生成的？是不是 TCP 数据包里有什么特别的标志？或者防火墙记住了什么东西？

我们又仔细研读了 TCP/IP 的协议栈的原理，对很多概念有了更深刻的认识。比如，在 TCP 和 UDP 同属于传输层，共同架设在 IP 层（网络层）之上。而 IP 层主要负责的是在节点之间（End to End）的数据包传送，这里的节点是一台网络设备，比如计算机。因为 IP 层只负责把数据送到节点，而不能区分上面的不同应用，所以 TCP 和 UDP 协议在其基础上加入了端口的信息，端口于是标识的是一个节点上的一个应用。除了增加端口信息，UPD 协议基本就没有对 IP 层的数据进行任何的处理了。而 TCP 协议还加入了更加复杂的传输控制，比如滑动的数据发送窗口（Slice Window），以及接收确认和重发机制，以达到数据的可靠传送。不管应用层看到的是怎样一个稳定的 TCP 数据流，下面传送的都是一个个的 IP 数据包，需要由 TCP 协议来进行数据重组。

所以，我们有理由怀疑，防火墙并没有足够的信息判断 TCP 数据包的更多信息，除了 IP 地址和端口号。而且，我们也看到，所谓的端口，是为了区分不同的应用的，以在不同的 IP 包来到的时候能够正确转发。

TCP/IP 只是一个协议栈，就像操作系统的运行机制一样，必须要具体实现，同时还要提供对外的操作接口。就像操作系统会提供标准的编程接口，比如 Win32 编程接口一样，TCP/IP 也必须对外提供编程接口，这就是 Socket 编程接口。

在 Socket 编程接口里，设计者提出了一个很重要的概念，那就是 Socket。这个 socket 跟文件句柄很相似，实际上在 BSD 系统里就是跟文件句柄一样存放在一样的进程句柄表里。这个 Socket 其实是一个序号，表示其在句柄表中的位置。这一点，我们已经见过很多了，比如文件句柄，窗口句柄等。这些句柄，其实是代表了系统中的某些特定的对象，用于在各种函数中作为参数传入，以对特定的对象进行操作——这其实是 C 语言的问题，在 C++语言里，这个句柄其实就是 this 指针。

现在我们知道，Socket 跟 TCP/IP 并没有必然的联系。Socket 编程接口在设计的时候，就希望也能适应其他的网络协议。所以，socket 的出现只是可以更方便地使用 TCP/IP 协议栈而已，其对 TCP/IP 进行了抽象，形成了几个最基本的函数接口。比如 create，listen，accept，connect，read 和 write 等等。

现在我们明白，如果一个程序创建了一个 socket，并让其监听 80 端口，其实是向 TCP/IP 协议栈声明了其对 80 端口的占有。以后，所有目标是 80 端口的 TCP 数据包都会转发给该程序（这里的程序，因为使用的是 Socket 编程接口，所以首先由 Socket 层来处理）。所谓 accept 函数，其实抽象的是 TCP 的连接建立过程。accept 函数返回的新 socket 其实指代的是本次创建的连接，而一个连接是包括两部分信息的，一个是源 IP 和源端口，另一个是宿 IP 和宿端口。所以，accept 可以产生多个不同的 socket，而这些 socket 里包含的宿 IP 和宿端口是不变的，变化的只是源 IP 和源端口。这样的话，这些 socket 宿端口就可以都是 80，而 Socket 层还是能根据源/宿对来准确地分辨出 IP 包和 socket 的归属关系，从而完成对 TCP/IP 协议的操作封装。同时，放火墙的对 IP 包的处理规则也是清晰明了，不存在前面设想的种种复杂的情形。套接字 socket 的具体结构如图 9.1.5 所示。

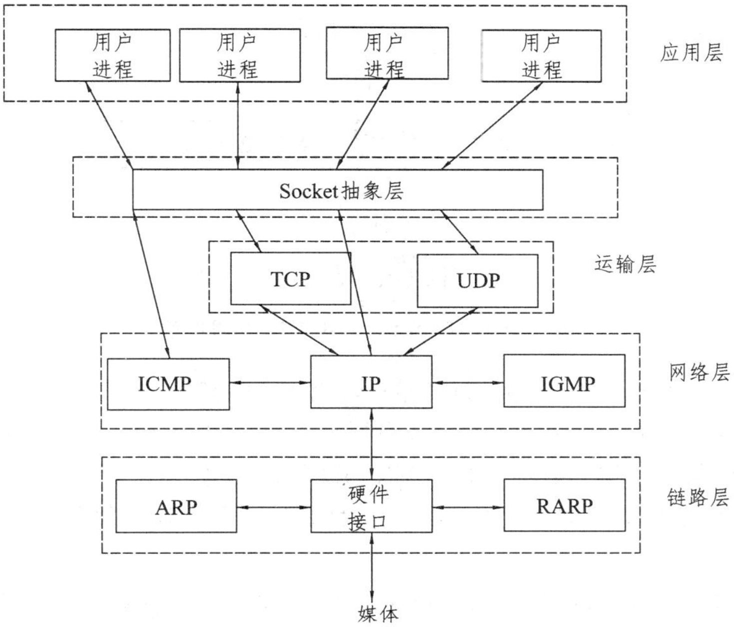

图 9.1.5　Socket 层次结构

9.2　DataSocket 技术概述

9.2.1　DataSocket 的特点

DataSocket 是 NI 公司提供的一种网络传输技术，它建立在 TCP/IP 协议的基础之上，但是却不用进行复杂的底层 TCP 编程就可以通过计算机网络向多个远程终端同时广播现场的测量数据。它极大的简化了应用程序之间以及计算机之间进行数据传输的过程，使用 DataSocket 技术传输数据，对于用户来说就像在墙上的电源插座插上插头就能用电一样方便。无论是通过编程的方法还是前面板对象数据绑定的方法使用 DataSocket 传输数据，它都可以在程序运行后自动查找计算机中的网络设备及其配置，连接到局域网或 Internet 的网络服务器上。

DataSocket 技术专门为满足测试与自动化的需求而设计，它不必像 TCP/IP 编程那样把数据转换为非结构化的字节流，而是以自己特有编码格式传输各种类型的数据，包括字符串、数字、布尔量和波形等，还可以在现场数据和用户自定义属性之间建立联系一起传输。

DataSocket 为共享与发布现场测试数据提供了方便、易用的高性能编程接口。

9.2.2　DataSocket 传递数据的方式

DataSocket 由 DataSocket API 和 DataSocket Server 两部分组成。使用 DataSocket 传输数据的过程如图 9.2.1 所示。

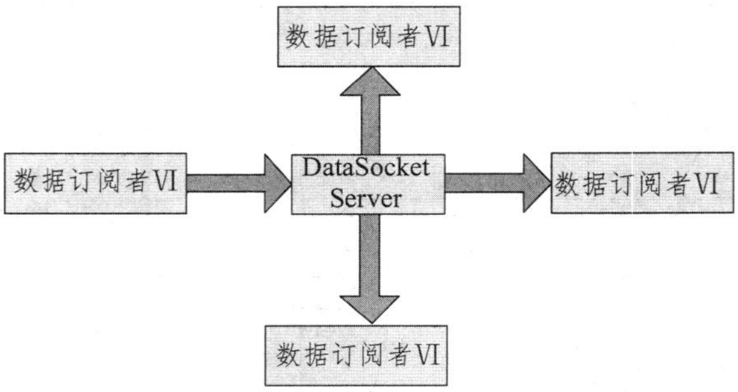

图 9.2.1 DataSocket 传递数据过程

图 9.2.1 中数据发布者 VI 和数据订阅者 VI 都是 DataSocket Server 的客户端，数据发布者 VI 往 DataSocket Server 中写入数据，数据订阅者 VI 从 DataSocket Server 中读取数据。实际上，一个 VI 既可以作为数据发布者 VI，又可以同时作为数据订阅者 VI。数据发布者 VI 和数据订阅者 VI 传输数据有两种形式，一种是使用图形程序代码，另一种是前面板对象数据绑定。

通过编程的方法传输数据时使用 DataSocket API 与 DataSocket Server 通信。DataSocket API 提供了一个用于多样编程语言、多种数据类型通信的单一接口。在 LabVIEW 中，DataSocket API 操作选项板的路径为：程序框图中右键弹出窗口，选择“函数”→“数据通信”→“DataSocket”函数子选项板，API 由“读取 DataSocket”和“写入 DataSocket”等一组函数组成。发布数据的程序用“写入 DataSocket”函数自动将用户数据转换为网络上传递的字节流，接收数据的程序用“读取 DataSocket”将字节流还原到它原始的形式。

DataSocket 传递数据的三个角色，即数据发布者 VI、数据订阅者 VI 和 DataSocket Server，可以放在同一台机器上，当然，更普遍的做法是将发布数据的程序和 DataSocket Server 放在一台机器上，而接收数据的程序在其他机器上运行。

DataSocket 使用的端口为 3015。

9.2.3 DataSocket Server

DataSocket Server 是一个小巧的、独立运行的程序，发布数据的程序通过它进行数据输出，订阅数据的程序通过它接收数据。

LabVIEW 开发环境安装后就会在 Windows 的程序菜单中增加“National Instruments”→“DataSocket”选项，这里包括 DataSocket 的两个组件：DataSocket Server Manager 和 DataSocket Server，如图 9.2.2 所示。

DataSocket Server 的前面板如图 9.2.2 右半部分所示。在该面板中显示了主机“XXXXX”当前连接到 DataSocket Server 上的任务数和已经发送的数据包数。DataSocket Server 面板标题栏中的关闭命令和关闭按钮只起隐藏 DataSocket Server 面板的作用。Server 菜单中的 Shutdown DataSocket Server 的命令才可以关闭 DataSocket Server。

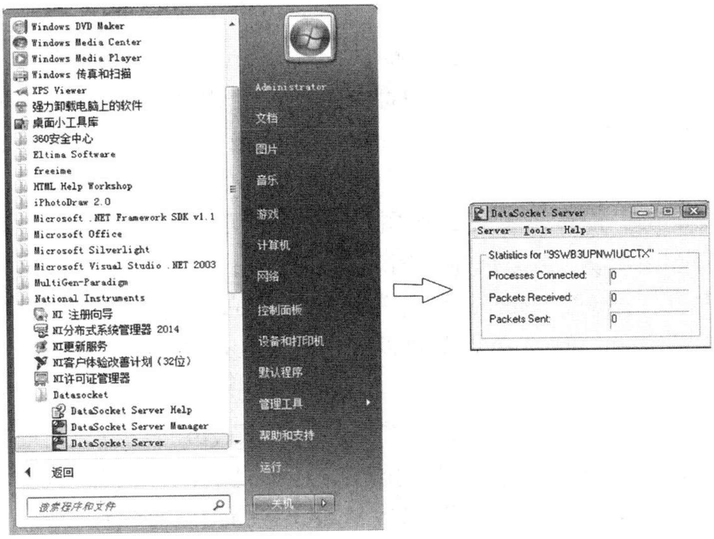

图 9.2.2　启动 DataSocket Server

利用 DataSocket 技术传输数据必须在发布数据的机器上打开 DataSocket Server。手工打开 DataSocket Server 的方法是选择“开始”→“所有程序”→“National Instruemnts”→“DataSocket”→“DataSocket Server”命令。DataSocket Server 打开以后，Windows 任务栏会出现它的图标。在这个图标上弹出快捷菜单有两个选项：Show DataSocket Server 用来显示 DataSocket Server 面板；Shutdown DataSocket Server 用来关闭 DataSocket Server 面板。

DataSocket Server Manager 用来进行 DataSocket Server 的设置。打开 DataSocket Server Manager 的方法是选择“开始”→“所有程序”→“National Instruemnts”→“DataSocket”→“DataSocket Server Manager”命令。

如图 9.2.3 所示为 DataSocket Server Manager 设置对话框，左边一栏是设置项，右边是选中设置项的说明。

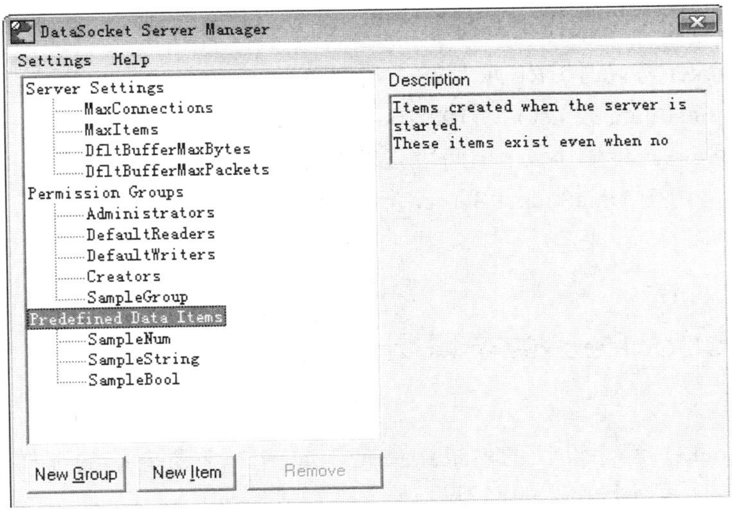

图 9.2.3　DataSocket Server Manager 设置对话框

下面对三组设置项进行简要说明。

Server Settings：服务器设置，包括 DataSocket Server 允许同时建立连接的最大数目，DataSocket Server 允许动态创建的数据项最大数目，允许动态数据项使用的最大内存缓冲区字节数，允许动态数据项使用最大内存缓冲区数据包数目。数据项 Item 是 DataSocket Server 存放数据的文件。

Permission Groups：许可组设置，将用户按照他们与 DataSocket Server 的关系及他们需要的许可进行分类。向每个组添加用户时，输入用户计算机的 IP 地址或计算机名都可以。Localhost 是指运行 DataSocket Server 的计算机，everyhost 是指任何一台计算机。

Predefined Data Items：预定义数据项设置，定义 DataSocket Server 启动后自动创建的数据项，当 DataSocket 客户端连接到 DataSocket Server 以后，预定义数据项的初始值就赋给它。可以为每个预定义数据项设置数据类型、初始值、访问许可、允许使用的缓冲区等。

关闭 DataSocket Server Manager 对话框时，它会自动保存设置，这些设置在重新启动 DataSocket Server 时生效。但是，DataSocket Server Manager 的默认设置可以满足大多数情况的使用要求。因此，并非一定要经过 DataSocket Server Manager 设置才能使用 DataSocket Server。

9.2.4 统一资源定位符

使用 DataSocket 传输数据时，采用和 WWW 浏览器相似的统一资源定位符（Uniform Resource Locator，URL）来说明使用的通信协议和数据资源的位置。可以采用的协议包括 DSTP、OPC、Logos、FTP 和 Files。DSTP（DataSocket Transfer Protocol）是 DataSocket 自己的数据传输协议；OPC（OLE for Process Control）是目前工业自动化领域广泛应用的不同应用程序之间的链接技术，使用 OPC 协议要运行 OPC Server，NI 提供这个外挂的工具包；Logos 是 NI 在计算机和网络之间传输数据的内部技术；FTP（File Transfer Protocol）是一种流行的文件传输协议，使用 DataSocket 到一个 FTP 站点读文本文件要在 URL 末尾加.txt。FTP 协议提供对于本地机或网络计算机的数据文件链接。

使用 DataSocket 协议时 URL 填写格式实例如下：

dstp：//localhost/data 或 dstp：//192.168.0.2/data

dstp 指 DataSocket 传输协议，中间段是发布数据机器的 IP 地址或计算机标识，最后一段是数据项标签，用于 DataSocket Server 上为特定的数据项定址。

9.3 DataSocket 程序设计

进行 DataSocket 程序设计的前提条件是，如 9.2 节所介绍的那样，首先正确启动 DataSocket Server，再进行相关的必要设计。

使用 DataSocket 程序设计有两种方法：一种是在前面板上进行程序设计，另外一种是在程序框图中进行程序设计。

9.3.1　DataSocket 前面板程序设计

DataSocket 程序设计最简单的方式就是在前面板上进行对象链接，进行简单的设置就能进行网络数据传输。使用 DataSocket 将两个程序的前面板对象链接起来，通过 DataSocket Server，一个对象发送数据（写入 DataSocket Server），一个或多个对象接收数据（从 DataSocket Server 读取），就可以实现程序的远程控制、数据的远程采集等诸多功能。例如，在生产现场有一台计算机采集数据，那么企业中心就可以通过一台计算机控制采集数据的程序运行，修改它的采样频率和采样通道，并读取它的采样数据。对这些数据可以进行显示、存储、打印，也可以在程序中进行各种处理。

建立前面板对象链接的方法是，在前面板对象上右键弹出快捷菜单，选择“属性”命令，在属性对话框中选择“数据绑定”选项卡，如图 9.3.1 所示，其中包括进行前面板对象链接的数据绑定设置项。

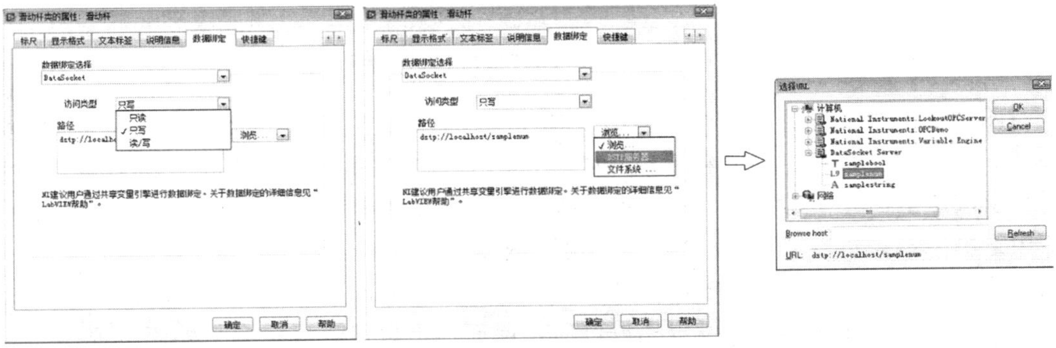

图 9.3.1　前面板控件 DataSocket 数据绑定

数据绑定选项：选择数据绑定方式。有两种数据绑定方式可以选择，一种是共享变量引擎（NI-PSP），另一种是 DataSocket。选择 DataSocket 以便以 DataSocket 方式进行数据通信。如果此前面板对象不用于数据通信，则选择“未绑定”。

访问类型：选择数据访问类型。如果发布数据，则选择“只写”，如果接收数据则选择“只读”，既可以发布数据又可以接收数据则选择“读/写”。

路径：指定 URL。发布数据和接收数据的控件都填写 DataSocket Server 的 URL。可以从右边的下拉列表中选择“DSTP 服务器”，从本机或网络中其他已经运行 DataSocket Server 的计算机上选择已有的数据项。图中的 URL 是 dstp：//localhost/samplenum。

设置完成以后，在前面板对象右上角外面出现一个连接指示灯。

在图 9.3.2 中，设计了一个数据发布者程序。前面板上放置了三个控件，一个滑动杆控件、一个数值显示控件和一个停止按钮；在其程序框图中，使用了一个 While 循环结构，由停止按钮控制其运行，滑动杆连接数字显示控件。按照上面介绍的步骤，右键单击滑动杆控件，在弹出菜单中，选择“属性”，在弹出窗口中选择“数据绑定”标签，“数据绑定”选择 DataSocket，访问类型选择“只写”，路径从右边下拉框中选择“DSTP 服务器”，从中选择 samplenum 选择项，最后的 URL 就是 dstp：//localhost/samplenum。设置完成以后，前面板上滑动杆控件右上角外面出现一个连接指示灯。

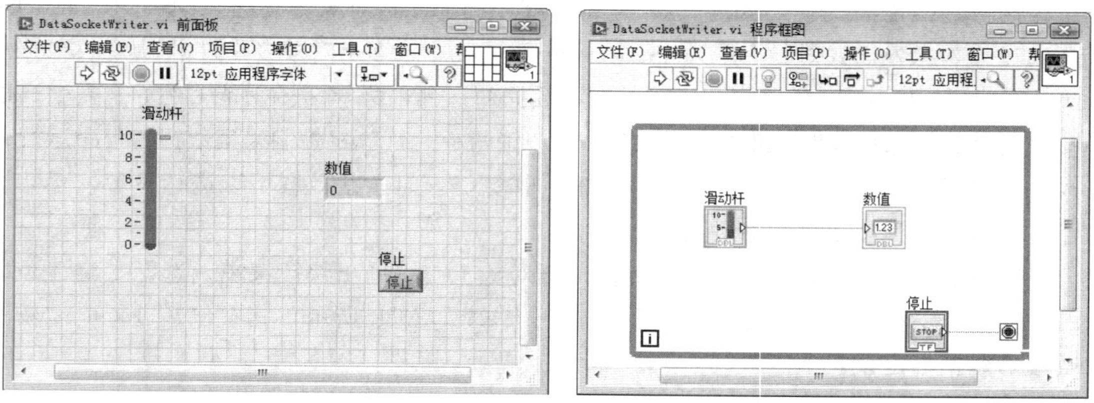

（a）　　　　　　　　（b）

图 9.3.2　前面板绑定数据写入者设计

在图 9.3.3 中，设计了一个数据读取者程序。前面板上放置了两个控件，一个数值显示控件和一个停止按钮；在其程序框图中，使用了一个 While 循环结构，由停止按钮控制其运行。按照上面介绍的步骤，右键单击数值控件，在弹出菜单中，选择“属性”，在弹出窗口中选择“数据绑定”标签，“数据绑定”选择 DataSocket，访问类型选择“只读”，路径从右边下拉框中选择“DSTP 服务器”，从中选择 samplenum 选择项，最后的 URL 就是 dstp：//localhost/samplenum。设置完成以后，前面板上数值控件右上角外面出现一个连接指示灯。

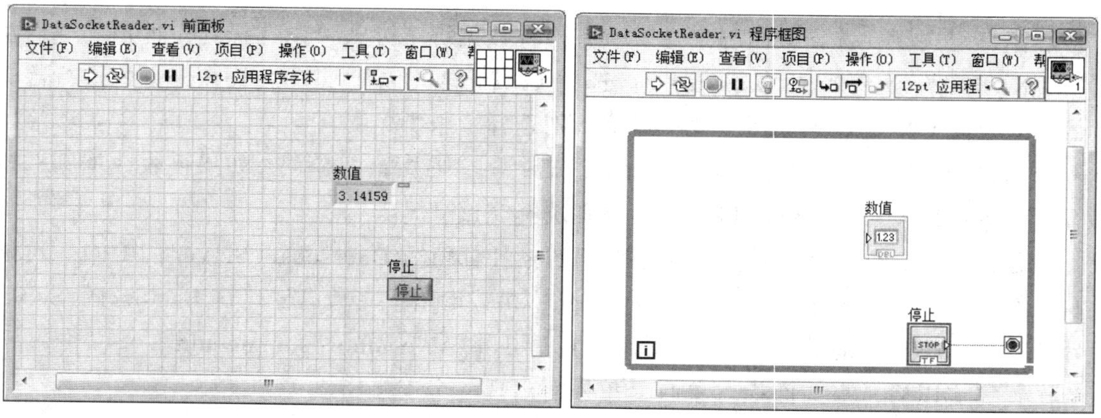

（a）　　　　　　　　（b）

图 9.3.3　前面板绑定数据读取者设计

同时运行数据发布者 VI 和数据订阅者 VI，其效果如图 9.3.4 所示。运行时，左端的数据写入者，可以调节滑动杆，改变写入的数据值。右端的数据读取者，观察控件值随之改变。绑定了 DataSocket 数据的控件，在程序运行时，右上角出现绿色方框，表明连接正常，如果是红色，则表明连接出现问题，需要查看 DataSocket Server 是否启动，或数据绑定项是否正确。

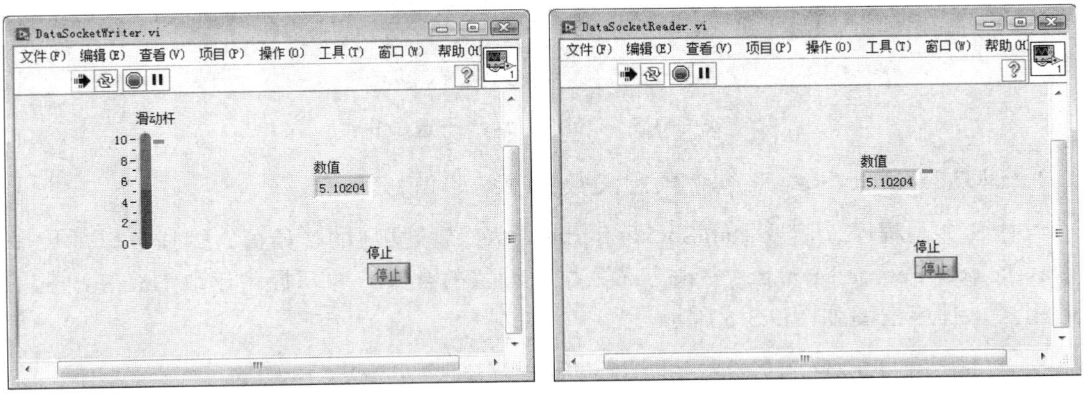

（a）　　　　（b）

图 9.3.4　前面板绑定数据传输效果

输入控件和显示控件都可以发布数据，也都可以接收数据，发布或接收数据并不影响它们原来的行为能力。例如，一个输入控件接收数据时，操作者也可以在前面板上改变它的值，它的实际值取决于操作者的动作和 DataSocket 刷新数据谁发生在后。

不同的前面板控件可以使用同一个数据项发布数据。如果它们的数据类型不同，则接收数据的对象会自动选择与自己匹配的数据类型；如果它们数据类型相同，则使用同一个数据项发布数据的几个控件，谁刷新数据在后接收数据的对象就与谁的数据一致。

不同形式的前面板控件也可以进行链接，只要它们的数据类型兼容。例如，一个波形图和一个数组控件之间、一个数值控件和一个旋钮之间都可以进行数据传递。

两个前面板对象都进行链接设置以后，发布数据的机器在程序运行前需要打开 DataSocket Server。如果链接正常，两个对象所在的程序运行之后，链接指示灯为绿色，否则为红色。

9.3.2　DataSocket 程序框图编程

通过前面板对象链接进行网络通信，设置非常方便。但是，与程序框图中的编程设计比较起来，灵活性显得不足。当然，程序框图中进行网络程序设计，复杂性有所增加。

在程序框图中进行 DataSocket 网络程序设计，需要用到的操作节点在如图 9.3.5 所示的 DataSocket 子选项板中，其路径为，程序框图右键弹出窗口，“函数”→“数据通信”→“DataSocket”子选项板。该子选项板包含五个操作节点，读取 DataSocket、写入 DataSocket、DataSocket 选择 URL、打开 DataSocket 和关闭 DataSocket。

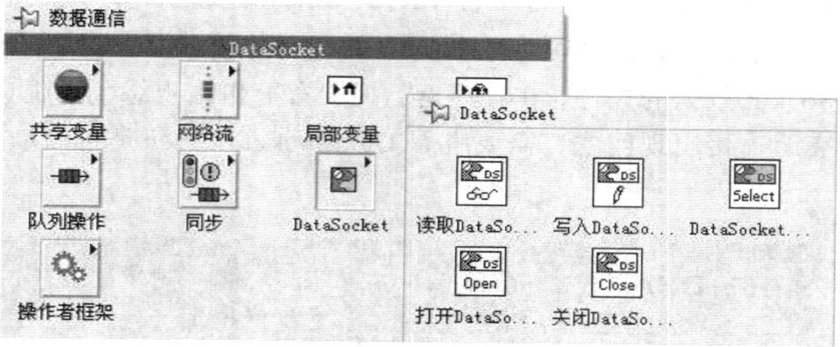

图 9.3.5 DataSocket 子选项板

1. 读取 DataSocket Server 预定义数据项初始值

设计一个小程序，读取 DataSocket Server 预定义数据项的初始值，这样可以进一步了解 DataSocket Server Manager 中预定义数据项设置的含义，并掌握“读取 DataSocket”节点的用法。程序框图如图 9.3.6 所示。

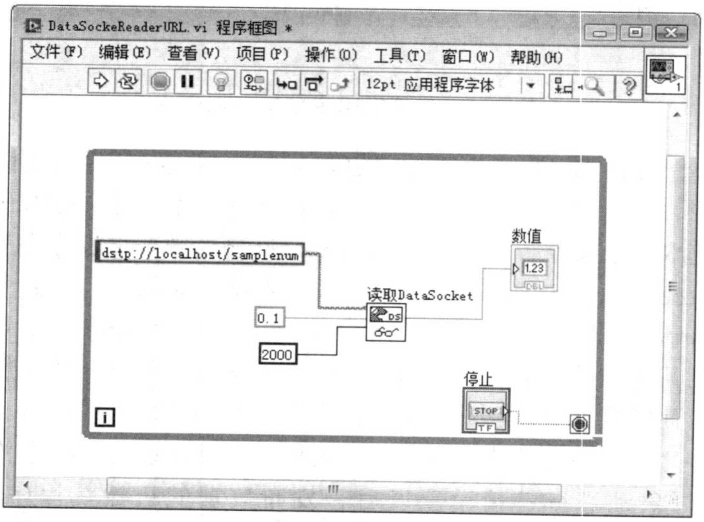

图 9.3.6 程序框图读取数字默认值

DataSocket Server Manager 中默认设置有 3 个预定义数据项，分别是 SampleNum（初始值 3.145 9）、SampleString（初始值 abc）和 SampleBool（初始值 TRUE）。手动打开 DataSocket Server，运行图 9.3.6 所示的程序可以把预定义的数据项 SampleNum 的初始值读出来。

如图 9.3.6 所示的程序调用了“数据通信”→“DataSocket”函数子选项板中的“读取 DataSocket”节点。这个节点的“连接输入”参数可以输入字符型的 URL，使用的是 dstp://localhost/samplenum，也可以输入一个 DataSocket 连接 ID、URL 或连接 ID 指定读取数据的位置；“类型”参数只要求输入数据的类型和需要读取的数据类型项包含的数据类型一致，它的值可以是任意的，这里使用的是浮点数 0.1，由于 DataSocket Server 可以传输多种类型的数据，所以，事先要了解读取的数据类型。如果“类型”参数指定数据类型正确，“数据”参数返回和它同样类型的数据。否则，返回无效的数据。另外，需要设置一个读取超时限制，这里设置为 2 000，即 2 秒。

2. 向 DataSocket Server 写数据

如图 9.3.7 所示的 DataSocket 数据写入程序，调用“数据通信”→“DataSocket”函数子选项板中的“写入 DataSocket”子节点向 URL 指定的位置写数据，这里为系统定义的变量，完整 URL 为 dstp：//localhost/samplenum。“写入 DataSocket”节点的“数据”参数是要传输的数据，这个参数具有多态的特点，可以输入大部分 LabVIEW 支持的数据类型。在这个程序中连接的是一个浮点数，同时这个值显示在前面板的数值显示控件中。

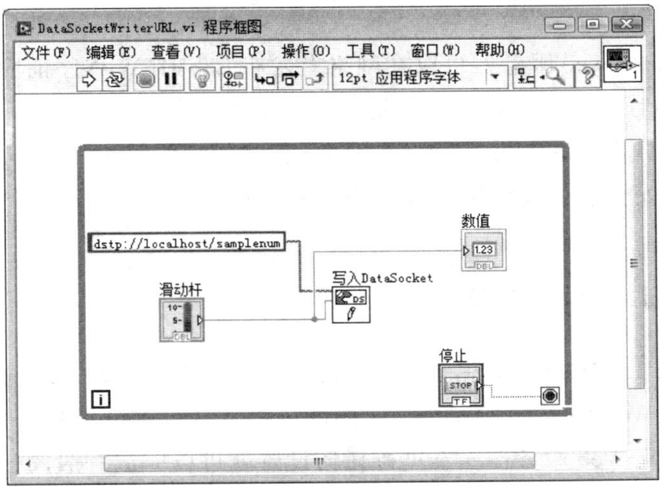

图 9.3.7　程序框图写入数据

手动启动 DataSocket Server，同时运行图 9.3.6 和图 9.3.7 所示的程序，其运行结果如图 9.3.8 所示。

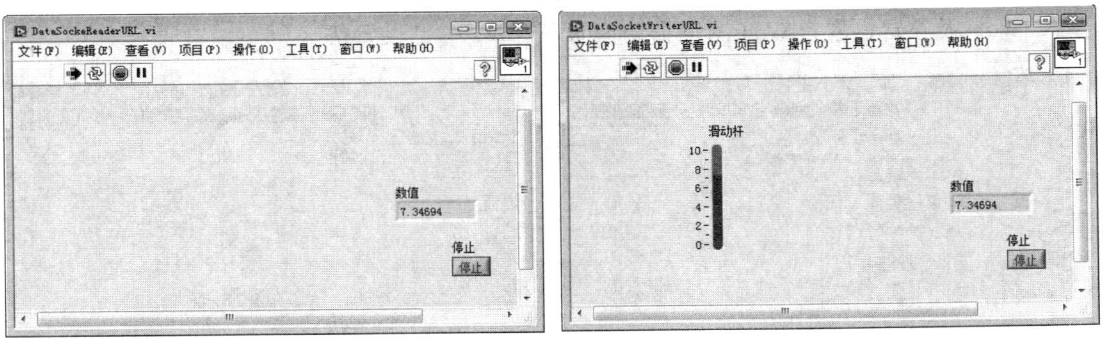

（a）　（b）

图 9.3.8　程序框图数据通信

图 9.3.8（a）为数据读取者的前面板效果，采用了图 9.3.6 所示的程序框图设计，利用的 URL 为 dstp：//localhost/samplenum，读取 DataSocket Server 里面数值型变量 SampleNum

的值。图 9.3.8（b）为数据写入者的前面板效果，采用了图 9.3.7 所示的程序框图设计，利用的 URL 为 dstp：//localhost/samplenum，写入了 DataSocket Server 里面数值型变量 SampleNum 的值。所有控件均未绑定数据，都是通过程序框图中 DataSocket 操作节点对变量进行操作。在数据写入者前面板上，滑动写入者中的滑动杆，数值随之改变，数据读取者的值也随之改变。

9.4 在 Web 上发布程序

使用 LabVIEW 的 Web 服务器可以在网络上发布 LabVIEW 程序前面板的图像或 HTML（HyperText Markup Language，超文本标记语言）文件供本地或远程计算机浏览；还可以在网络上打开其他计算机中的 LabVIEW 程序前面板。使用访问 HTML 文件的方法和前面板连接的方法都可以安全、快捷地进行程序的远程控制。

9.4.1 在 Web 上发布程序的设置

在 Web 上发布 LabVIEW 程序有多种形式，但是使用每种方式之前都必须首先在发布程序的机器上打开 Web 服务器。LabVIEW 的服务器默认设置可以满足大多数程序的需求，也就是说，只要打开 Web 服务器，不进行任何设置就可以完成一般的任务。但是，我们仍然有必要了解一些有关 Web 服务器设置的方法。

打开与设置 Web 服务器的方式是选择前面板窗口菜单“工具”→“选项”命令，弹出“选项”对话框，如图 9.4.1 所示。“类别”列表框最下方是 Web 服务器设置的选项。选择“Web 服务器”进入图 9.4.1 所示的 Web 服务器设置界面，在该界面中包括 Web 服务器的启动、Web 服务器设置、Web 浏览器访问设置、VI 可见设置等。

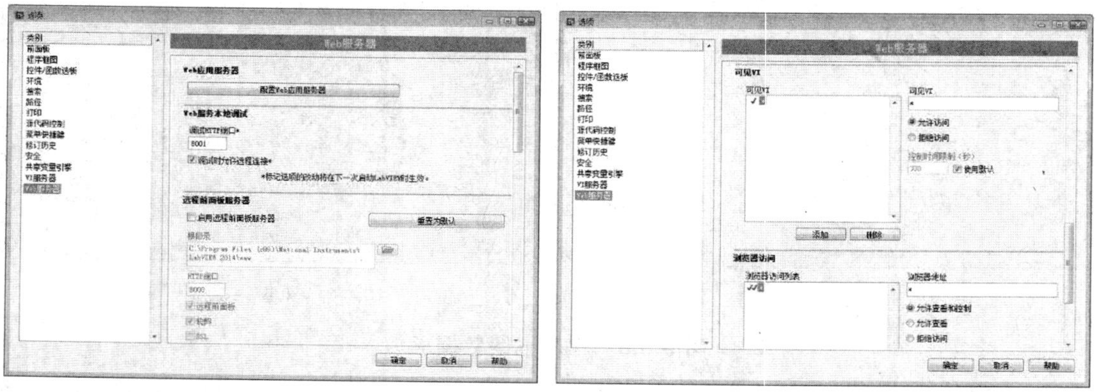

（a）　　　　（b）

图 9.4.1　选项对话框中的 Web 服务器设置界面

1. 配置 Web 应用服务器

单击“配置 Web 应用服务器”按钮，自动打开浏览器页面，如图 9.4.2 所示。在此页左侧有系统设置、安全配置、Web 服务器配置和已安装配置工具。

系统配置：显示主机名称、IP 地址和 LabVIEW 版本。

安全配置：设置用户组以及相应的权限。

Web 服务器配置：设置启用服务器以及端口。

已安装配置工具：显示已经安装好的安全配置和服务器配置情况。

图 9.4.2　Web 服务器设置界面

向下滑动如图 9.4.1 所示的选项对话框中的 Web 服务器设置界面，进入如图 9.4.3 所示的远程前面板服务器设置界面。

2. 远程前面板服务器设置

启用远程前面板服务器：用于启动或停止 Web 服务器。

根目录：Web 服务器存放 HTML 文件的位置，默认路径与 LabVIEW 2014 的安装路径有关。

HTTP 端口：Web 服务器使用 TCP/IP 端口，默认值为 80。如果其他 HTTP 服务已经占用了这个端口，就需要重新填写端口号，但是在浏览这个 Web 服务器提供的内容时就必须在 IP 地址后加上“:”和重新设置的端口号。

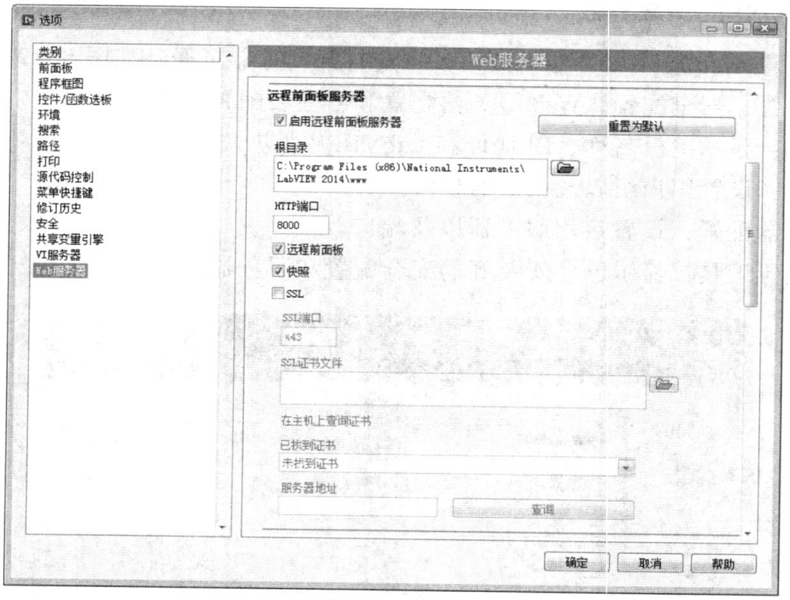

图 9.4.3 远程前面板服务器设置界面

记录文件：LabVIEW 保存 Web 连接信息文件的位置，默认路径与 LabVIEW 2014 的安装路径有关。

远程前面板：勾选此复选框时，允许远程用户通过 Web 浏览器查看和控制 VI 前面板。

快照：显示 Web 服务器内存中 VI 前面板的静态图像。

继续向下滑动图 9.4.1 所示的选项对话框中的 Web 服务器设置界面，进入如图 9.4.4 所示的程序可见性设置界面。

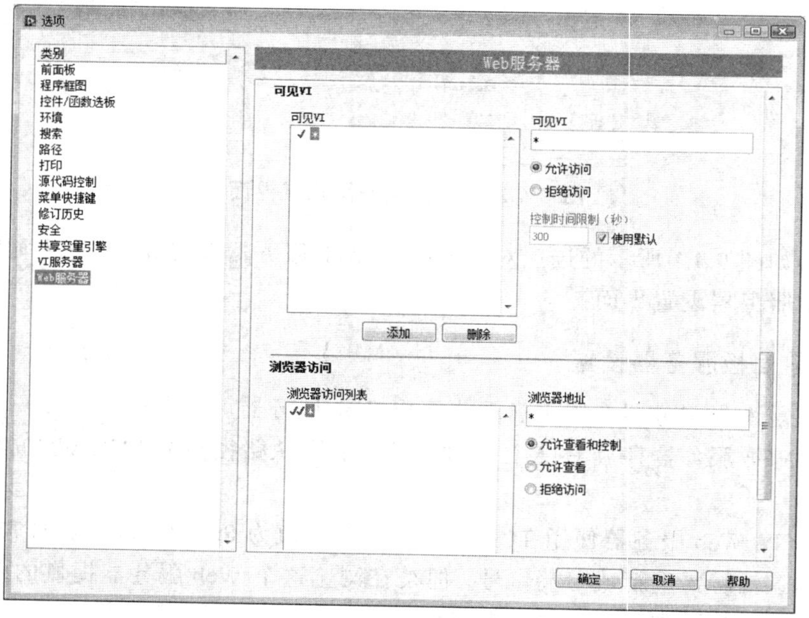

图 9.4.4 程序可见性设置界面

3. 程序可见性设置

如图 9.4.4 所示，“可见 VI”列表框中列出了内存中所有可以通过 Web 服务器查看的程序名。删除表中项的方法是选中它，然后单击“删除”按钮；添加列表中项的方法是单击“添加”按钮，然后在右上方的文本框中输入程序名，这里也可以使用通配符和路径，例如，输入一个“*”号表示内存中的所有程序。允许访问的程序左边有一个绿勾号，不允许访问的程序左边有一个红叉号。

“控制时间限制”设置项用来设置程序被网络上的计算机控制的时间，但是如果没有其他计算机请求控制，这个控制时间到时也不会被打断。

4. Web 浏览器访问设置

如图 9.4.4 所示，“浏览器访问列表”列表框中列出经过设置的计算机。删除表中项的方法是选中它，然后单击“删除”按钮；在表中添加项的方法是选中它，然后单击“添加”按钮，然后在“浏览器地址”文本框中输入计算机 IP 地址或计算机名，这里也可以使用通配符和域名，例如，输入一个“*”号，表示网络中的所有计算机。修改某个计算机访问权限时，选中以后再选用以下 3 个单选按钮之一。

允许查看和控制：被设置为这个权限的远程计算机可以查看程序面板并控制程序的运行，在“浏览器访问列表”中计算机标识左边有两个绿勾号。

允许查看：被设置为这种权限的远程计算机只能对程序面板查看，在“浏览器访问列表”中计算机标识左边有一个绿勾号。

拒绝访问：“浏览器访问列表”中计算机标识左边有一个红叉号。

以上设置虽然是在某一个程序中进行的，但是这些设置效果对内存中所有程序都起作用。

9.4.2　在 Web 上发布程序前面板

这是在 Web 上发布程序最简单的方式。在发布程序的计算机上打开 Web 服务器以后，网络上的任何计算机无论是否安装了 LabVIEW，按规定的格式在 Web 浏览器中输入正确的 URL，就可以查看 Web 服务器所在计算机内存中程序的前面板。

在 Web 上访问浏览器程序前面板时 URL 填写格式示例如下：

HTTP：//127.0.0.1：8000/.snap?ClusterDisplay.vi

这里 127.0.0.1 为发布程序的计算机 IP 地址，也可以输入局域网上的计算机名；8000 为当前 Web 服务器使用的 HTTP 端口，ClusterDisplay.vi 是希望查看的程序名（本地运行界面见图 9.4.5），注意，必须填写.vi，其余部分原样照写即可。.snap?表示返回一个静态前面板图像，如图 9.4.6 所示。程序前面板发生变化时，只有让 Web 服务器刷新，才能看到当前的面板。

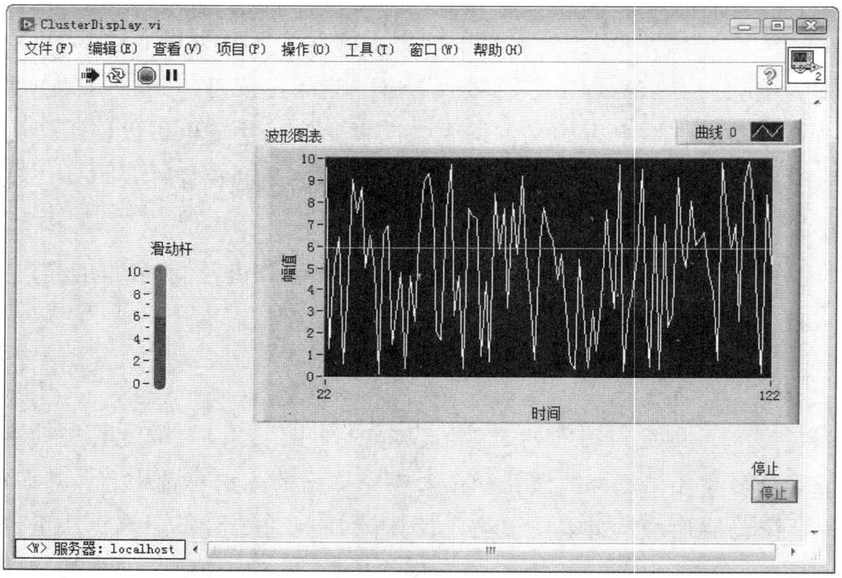

图 9.4.5 程序本地运行界面

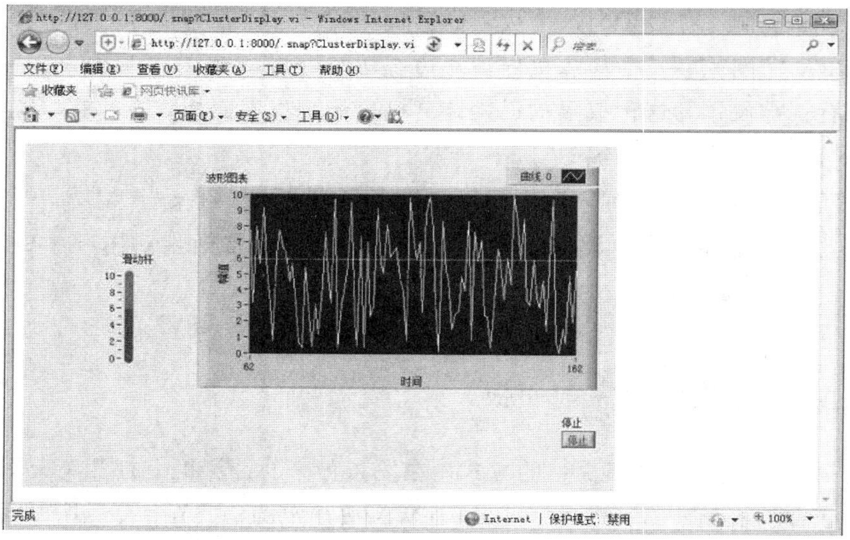

图 9.4.6 网页里面查看 VI 界面

9.4.3 在 Web 上发布 HTML 文件

1. 创建 HTML 文件

创建 HTML 文件的方法是：打开 VI 程序 ClusterDisplay，在前面板窗口中选择窗口菜单“工具”→“Web 发布工具”命令，弹出“Web 发布工具”对话框。第一步设置“选择 VI 和查看选项”，如图 9.4.7 所示。

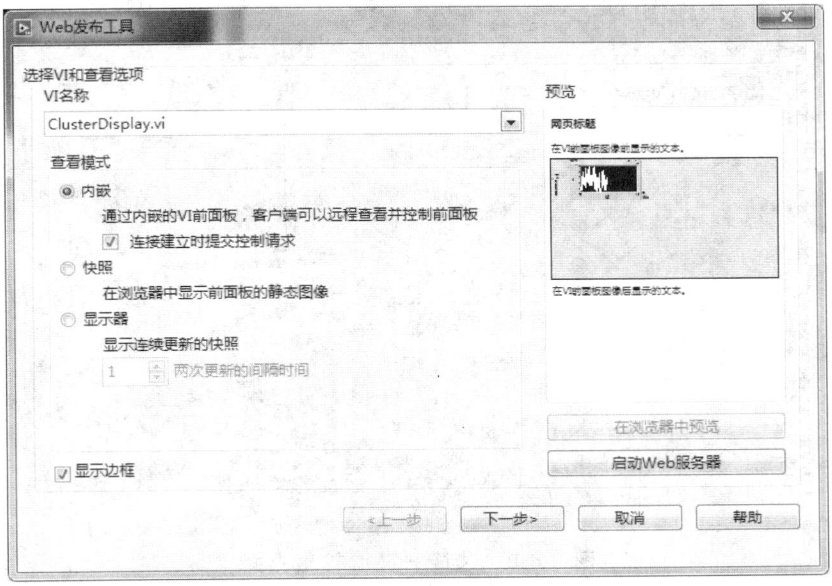

图 9.4.7　选择 VI 和查看选项界面

（1）VI 名称：指实际被发布的程序，它的前面板图像嵌入网页，不一定是打开网页发布对话框的这个程序，但是发布网页程序必须在内存中。

（2）查看模式：设置浏览器查看模式，共有以下 3 种模式：

① 内嵌：允许在网页浏览器中浏览并控制远程程序。可以设置在建立连接时是否提交控制请求。通常使用这个选项。

② 快照：网页中程序面板图像是静态的。

③ 显示器：网页中程序面板图像是不断刷新的快照。更新时间间隔可以设置。

快照和显示器方式都不能对程序远程控制。多个客户可以同时浏览网页，但是只有 NI 许可证允许数目的客户可以进行远程控制，如果需要更多的控制客户可以另外向 NI 申请许可。

（3）显示边框：是否给网页中程序面板加上双实线边框。

（4）在浏览器中预览：单击此按钮可以在本机浏览器中对 HTML 文件进行预览。

（5）启动 Web 服务器：如果 Web 服务器未启动，可以单击此按钮启动 Web 服务器。

设置完成后，单击“下一步”按钮，进入“选择 HTML 输出”界面，如图 9.4.8 所示。作者已经在上一个窗口中单击了“启动 Web 服务器”，所以在这个窗口里这个按钮已经变为灰色。

（6）文档标题：出现在网页标题栏和网页最上方的文档标题。

（7）页眉：出现在图像上方的文字。

（8）页脚：出现在图像下方的文字。

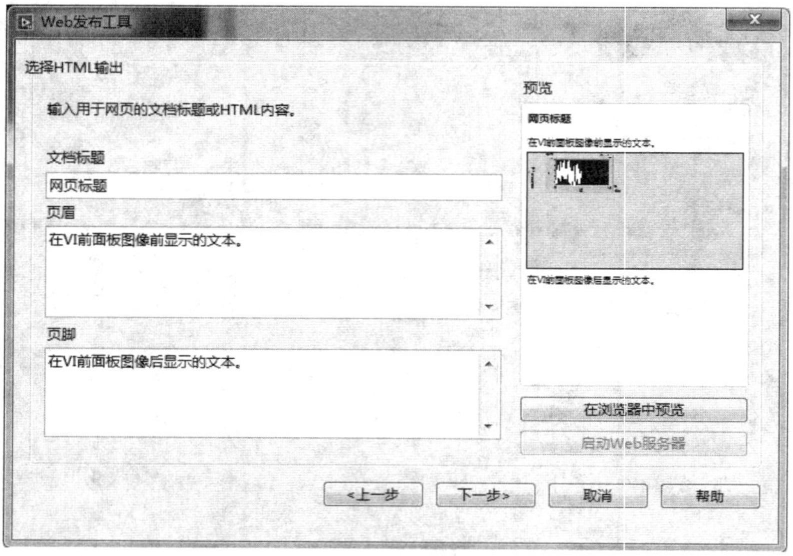

图 9.4.8 选择 HTML 输出界面

设置完成后，单击“下一步”按钮，进入“保存新网页”界面，如图 9.4.9 所示。

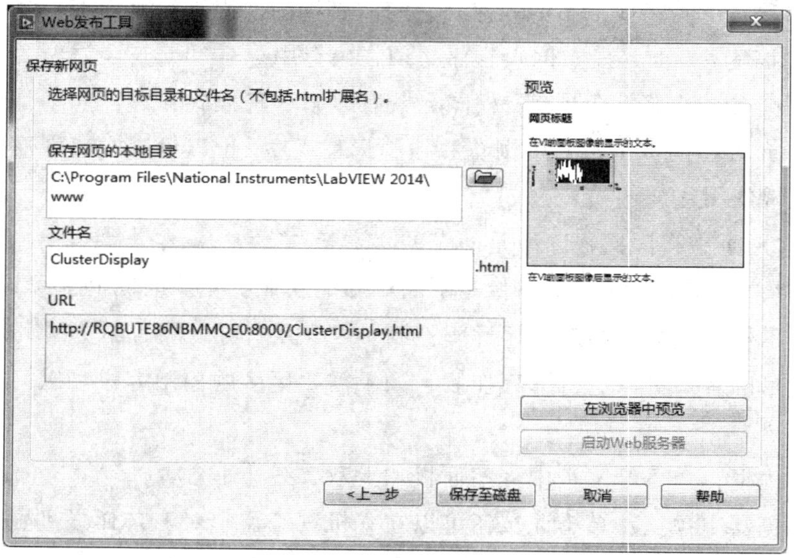

图 9.4.9 保存新网页界面

（9）保存网页的本地目录：指定用于保存新网页的目录。

（10）文件名：指定新网页的文件名。

（11）URL：显示新网页的 URL。

单击“保存至磁盘”按钮保存新网页，弹出的对话框中提示文档已被保存，并显示文档的 URL，如图 9.4.10 所示。单击“连接”按钮，可以查看新建的网页，单击“确定”按钮完成 HTML 文件的创建。

图 9.4.10　文档 URL 界面

2. 浏览 HTML 文件

浏览 HTML 文件时在发布程序的机器上要运行 Web 服务器，并将被发布的程序设置为可见；浏览网页的计算机上如果没有安装 LabVIEW，要安装 LabVIEW 运行引擎 lvruntimeeng.msi，才能对程序浏览和控制。运行引擎在 LabVIEW 安装光盘中。查看保存的 Web 页，还要按规定的格式在 Web 浏览器中输入 URL，例如 http：//127.0.0.1：8000/ClusterDisplay.html 表示发布网页计算机的 IP 地址是 127.0.0.1，当然，在局域网中可以使用机器名字，HTTP 端口是 8 000，HTML 文件保存为 ClusterDisplay.html。打开的浏览器页面如图 9.4.11 所示，点击左上角的运行箭头，则 LabVIEW 编辑环境中的程序将变为 9.4.12 所示的界面。

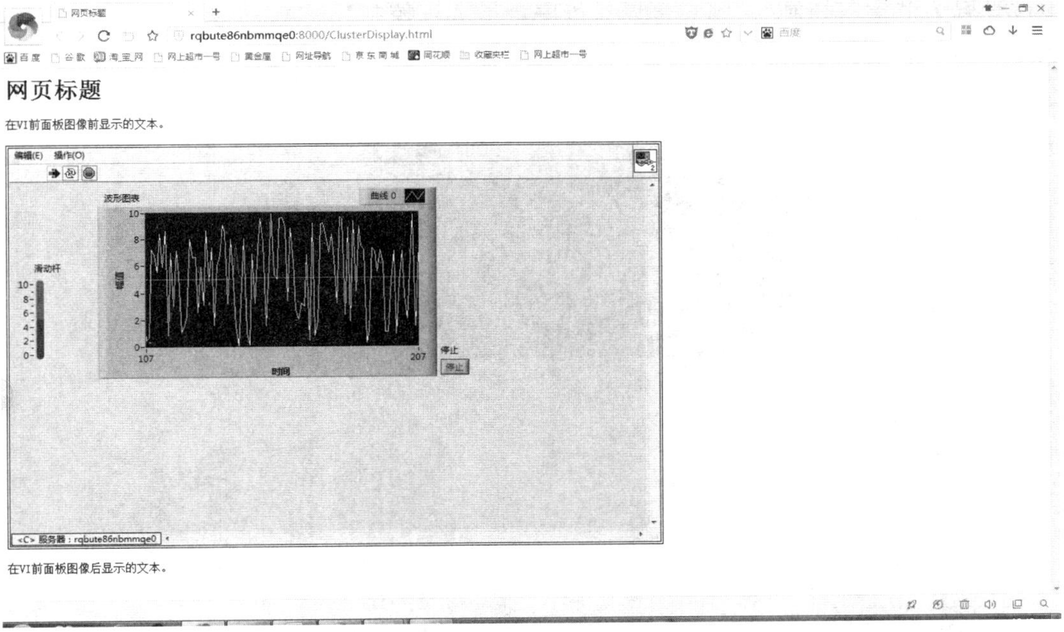

图 9.4.11　网页中运行 VI

如果发布网页的程序在计算机内存中被设置为可见，则 Web 页面中将包括程序的前面板图像和文本说明；否则将只有文本内容。

一个程序可以发布多个不同的网页，同一个网页各个机器可以分别浏览。

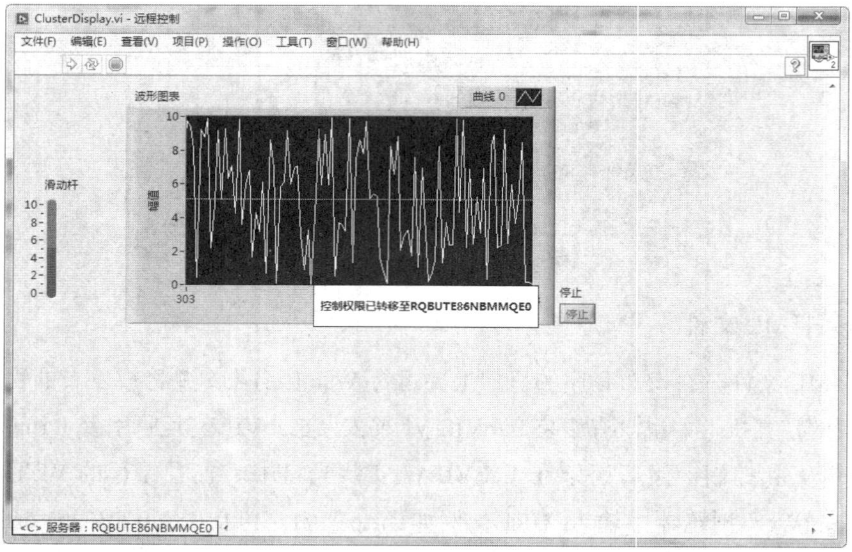

图 9.4.12 已经在 Web 页面中运行的 VI 的前面板

3. 通过 HTML 文件远程控制程序

如果创建 HTML 文件时查看模式设置为嵌入，并且一台计算机在如图 9.4.13 所示的设置中被设置为“重新控制”，则它可以对程序进行远程控制。

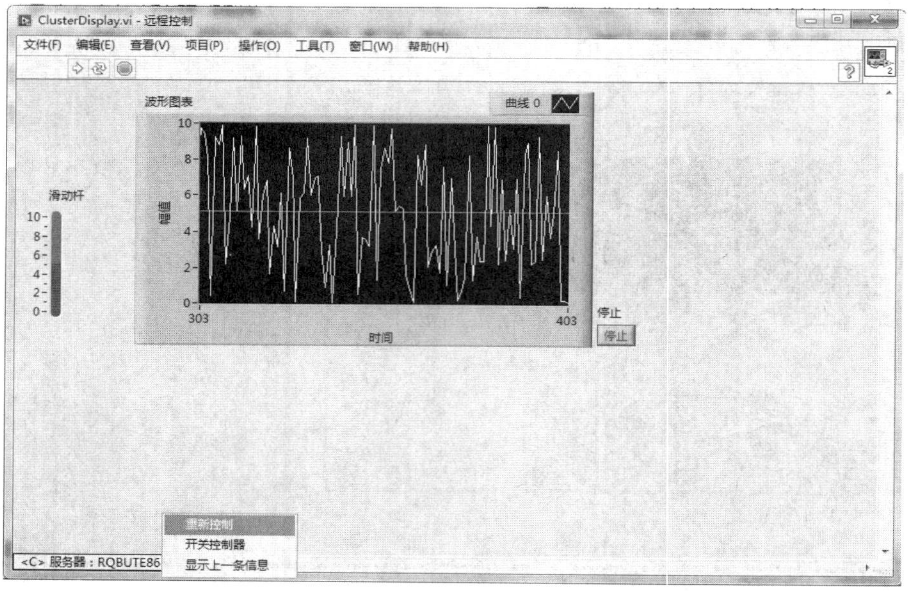

图 9.4.13 已经在 Web 页面中运行的 VI 的前面板

通过远程控制菜单进行控制权切换。弹出控制菜单的方法有两种：一种是在网页的前面板上右击，另一种是在图像下面的状态条上单击，如图 9.4.13 所示。在控制菜单选择“请求 VI 控制权”时，如果当前没有其他浏览器在控制程序，就可以取得程序的控制权。如果有其他浏览器正在控制程序，这个请求就在服务器被排队。取得控制权后就如同在操作本机的程序一样，只是程序仍然运行在服务器上，网页中也看不到程序框图。取得控制权以后在控制菜单中选择“释放 VI 控制权”命令，就可以交回程序的控制权。`

在服务器端弹出控制菜单的方法与网页上一样，但是菜单内容不同。在失去控制权时，可以选择“重新控制”命令收回控制权，或选择“开关控制器”在几个请求控制的浏览器之间进行切换。得到控制权的情况下，可以在控制菜单中选择“锁定控件”命令把控件的控制权锁定在服务器端；或在锁定时选择“解锁控件”命令，允许网页浏览器请求控制。

4. 程序远程控制的一些主要问题

程序在远端的某些行为能力可能与本机不完全一致，需要注意的主要问题如下：

（1）嵌入前面板的 ActiveX 控件不能显示在客户端前面板。标准的文件对话框和路径控件的浏览按钮也不能在远程面板应用。

（2）只有取得控制权的客户才可以远程看到用 VI 服务器动态打开的 VI 和设置为被调用、即打开前面板的子 VI 的面板。

（3）有 While 循环的程序必须加上“等待”函数，否则它会阻止一些必要的程序后台运行。

（4）受网络通信的影响，远程控制的时延难以准确把控。

9.5 UDP 程序设计

DataSocket 的程序通信非常简单，但是完全依赖于 DataSocket Server 的存在，无法与非 VI 程序进行通信。Web 发布的 VI 依赖于 Web 服务器的工作，无法独立运行，也不便于与其他非 VI 的程序进行通信。

本节所讲的 UDP（User Datagram Protocol）程序设计，目的就是要实现 LabVIEW 程序利用标准的 TCP/IP 协议，在传输层与普通的网络程序进行通信，消除 LabVIEW 程序与其他程序的网络通信鸿沟。

9.5.1 UDP 的特点

用户数据报协议 UDP 只在 IP 的数据报服务之上增加了很少一点的功能，这就是复用和分用的功能以及插错检测的功能。

UDP 的主要特点：

（1）UDP 是无连接的，即发送数据之前不需要建立连接（当然发送数据结束时也没有连接可释放），因此减少了开销和发送数据之前的时延。

（2）UDP 采用尽最大努力交付，即不保证可靠交付，因此主机不需要维持复杂的连接状态表（这里面有许多参数）。在网络状况良好的情况下，可以很好地满足偶然随机短信息通信的要求。

（3）UDP 是面向报文的。发送方的 UDP 对应用程序交下来的报文添加首部后就向下交付给 IP 层。UDP 对应用层交下来的报文，既不合并，也不拆分，而是保留这些报文的边界。这就是说，应用层交给 UDP 多长的报文，UDP 就照样发送，即一次发送一个报文。在接收方的 UDP，对 IP 层交上来的 UDP 用户数据报，在去除首部后就原封不动地交付给上层的应用进程。也就是说，UDP 一次交付一个完整的报文。因此，应用程序必须选择合适大小的报文。若报文太长，UDP 把它交给 IP 层后，IP 层在传送时可能要进行分片，这会降低 IP 层的效率。反之，若报文太短，UDP 把它交给 IP 层后，会使 IP 数据报的首部的相对长度太长，这也降低了 IP 层的效率。

（4）UDP 没有拥塞控制，因此网络出现的拥塞不会使源主机的发送效率降低。这对某些实时应用是很重要的。很多的实时应用（如 IP 电话、实时视频会议等）要求源主机以恒定的速率发送数据，并且允许在网络发送拥塞时丢失一些数据，但却不允许数据有太大的时延。UDP 正好适合这种要求。

（5）UDP 支持一对一、一对多、多对一和多对多的交互通信。

（6）UDP 的首部开销小，只有 8 个字节，比 TCP 的 20 个字节的首部短。

虽然某些实时应用需要使用没有拥塞控制的 UDP，但当很多的源主机同时都向网络发送高速率的实时视频流时，网络就有可能发生拥塞，结果大家都无法正常接收。因此，不适用拥塞控制功能的 UDP 有可能会引起网络产生严重的拥塞问题。

还有一些使用 UDP 的实时应用，需要对 UDP 的不可靠传输进行适当的改进，以减少数据的丢失。在这种情况下，应用进程本身可以在不影响应用的实时性的前提下，增加一些提高可靠性的措施，如采用前向纠错或重传已丢失的报文。

9.5.2 LabVIEW 中 UDP 的操作要素

LabVIEW 中的 UDP 操作，需要首先掌握必要的操作要素：其一，LabVIEW 中的 UDP 子选项板；其二，UDP 中的地址问题。

1. LabVIEW 中的 UDP 操作节点

LabVIEW 的数据通信选项板提供了完整的 UDP 操作节点，如图 9.5.1 所示。在程序框图中，右键弹出窗口，选择“函数”→“数据通信”→“协议”→“UDP”。

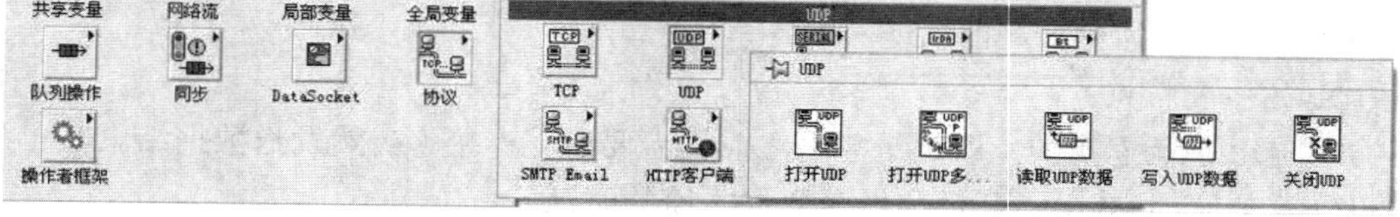

图 9.5.1 LabVIEW 中的 UDP 操作选项板

在如图 9.5.1 所示的 UDP 子选项板中，UDP 操作节点只有五个，也从侧面反映了 LabVIEW 的 UDP 操作非常简单。这个五个节点分别是打开 UDP、打开 UDP 多点传输、读取 UDP 数据、写入 UDP 数据、关闭 UDP。实际上，LabVIEW 中的 UDP 操作最常用的就是打开 UDP 与关闭 UDP、写入 UDP 数据与读取 UDP 数据。

UDP 操作中还有一个辅助操作节点没有位于 UDP 子选项板中，而是位于 TCP 子选项板中。在程序框图中，右键弹出窗口，选择“函数”→“数据通信”→“协议”→“TCP”，如图 9.5.2 所示，字符串至 IP 地址节点位于 TCP 子选项板的第 2 行第 2 列。

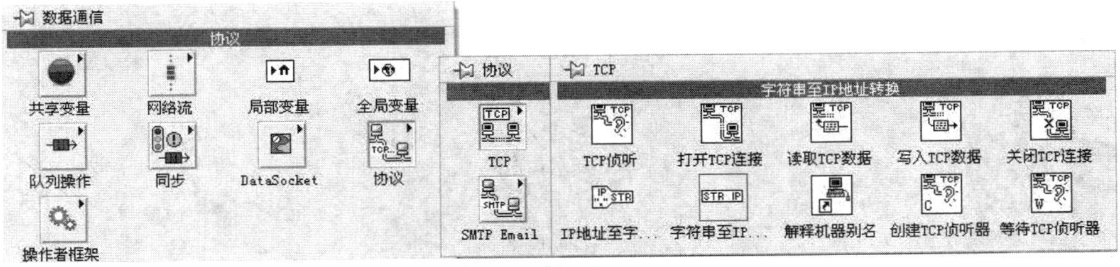

图 9.5.2　字符串至 IP 地址节点

2. LabVIEW 中的 UDP 通信

相对于 DataSocket 借助于 DataSocket Server 来实现网络传输功能，UDP 通信是更为简单直接的方式。UDP 通信，数据接收者只管一直监测本机某个端口，有数据到来则读取处理后继续监测；数据发送者则只需要知道数据接收者的 IP 地址和端口，然后直接发送数据。具体的通信情况，开发者可以不用了解。所以，LabVIEW 中的 UDP 通信完全建立在 TCP/IP 协议体系之中，与其他遵循 TCP/IP 协议的 UDP 程序完全可以直接通信，弥补了 DataSocket 程序只能在 LabVIEW 程序中通信的不足。

这里，读者有必要对计算机网络通信中的地址有清楚的认识，主要是指 IP 地址和端口。两个计算机中的程序（实际为进程）要互相通信，不仅要知道对方的 IP 地址（为了找到对方的计算机），而且还要知道对方的端口号（为了找到对方计算机中的应用进程）。

IP 地址，采用点分十进制的方法表示，127.0.0.1 表示本机地址。

UDP 用一个 16 位端口号来标识一个端口。但请注意，端口号只具有本地意义，它只是为了标识本地计算机应用层中的各个进程在和传输层交互时的层间接口。在不同计算机中，相同的端口号是没有关联的。而在一个计算机中，同一个端口号是不能在同一时刻被两个进程使用的。16 位的端口号可允许有 65 536 个不同的端口号，范围为 0 到 65 535。一般来说，数值为 0 到 1 023 的端口号，已经作为熟知端口号使用，比如 HTTP 采用 80 端口。所以，UDP 通信，一般不使用熟知端口，而使用数字较大的端口号，比如 6 080。这类端口号仅在用户进程运行时动态选择，结束后，可以供本机其他进程使用，同时又不妨碍系统常规的网络操作。

9.5.3　UDP 数据接收端总体设计

LabVIEW 中的 UDP 程序设计严格遵循 TCP/IP 协议，采用字节流的方式传递数据，对于接收到的字节流再按照用户层协议进行解析。在这里，重点展示 LabVIEW 中 UDP 编程的过程和操作节点，没有过多的去纠结数据的格式化写入和格式化读取，只是接收和发送字符串字节流。

对于 UDP 的数据接收端程序而言，预先并不知道什么程序什么时候会发送数据过来。因此，UDP 接收程序一开始就打开本机的某个端口，一直进行监测，有数据到来则读取显示后继续监测，直到不再接收数据时，关闭 UDP。具体流程如图 9.5.3 所示。

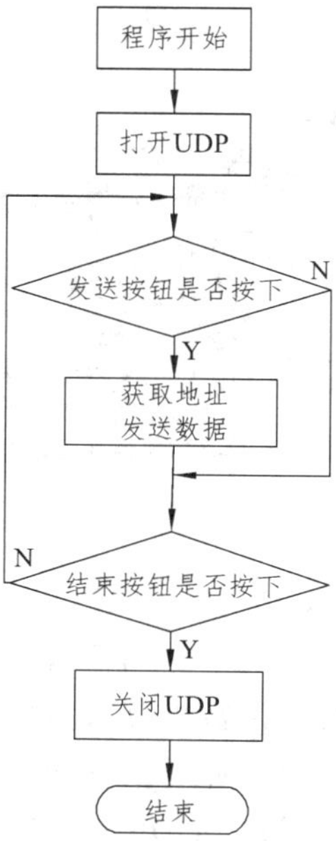

图 9.5.3　UDP 接收数据流程

9.5.4　UDP 数据接收端前面板设计

LabVIEW 中的 UDP 数据接收程序的前面板如图 9.5.4 所示，包括一个多行字符显示控件，一个停止按钮，再加上一个简单标签。字符显示控件用于显示接收到的字符内容，停止按钮则是控制程序的结束。

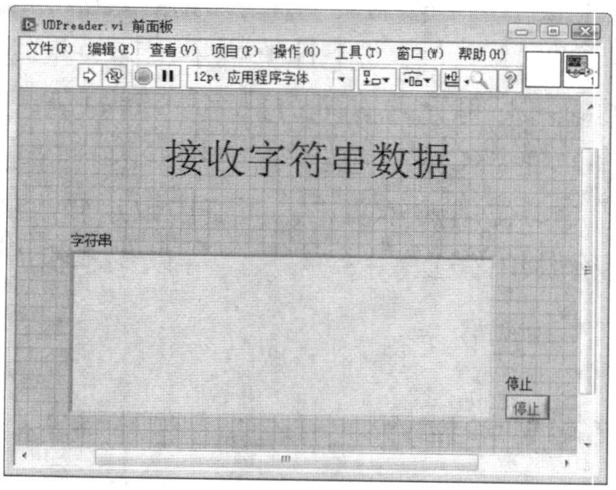

图 9.5.4　UDP 接收数据前面板

9.5.5 UDP 数据接收端程序框图设计

LabVIEW 中的数据接收端程序框图相对要复杂一点，主要在于 UDP 整个过程的逻辑控制。如图 9.5.5 所示，字符串控件和停止按钮与前面板控件相对应，程序总体结构使用了一个 While 循环②，一直监测端口是否有数据到来，内部一个选择结构⑥，当接收到的数据字符串长度大于零时，处理显示数据。

①为打开 UDP 节点，其主要输入参数是一个端口号，这里用整数常数设置为 6 080。UDP 的发送方除了需要知道这个端口外，还需要知道接收程序的主机 IP 地址。

③为读取 UDP 数据节点，这个节点是数据接收程序的核心节点。左侧连接了节点③输出的连接 ID；另外一个参数为整数常数 100（毫秒），这是一个比较关键的值，其默认为 25 000（毫秒），如果没有数据到来，UDP 读取节点将阻塞 25 秒，这将严重阻碍 UDP 的读取效率和程序执行逻辑的流畅性，故设置为 100（毫秒），可以迅速读取数据并快速返回。节点③的右侧有两个输出端，一个为读取的字符串内容，没有数据时为空值，另一个值为错误输出，需要利用节点⑤进行解绑处理。在监测端口过程中，不断读取端口数据，如果没有数据到来，读取 UDP 数据节点将输出出错信息，如果不使用节点⑤进行处理，整个程序将退出。节点⑤为簇解除捆绑节点，其创建路径为，程序框图右键单击弹出窗口，“函数”→“编程”→“簇、类与变体”→“解除捆绑”，第 1 行第 3 列。节点⑤解绑出来的三个数据可以有效的查看读取节点的状体。

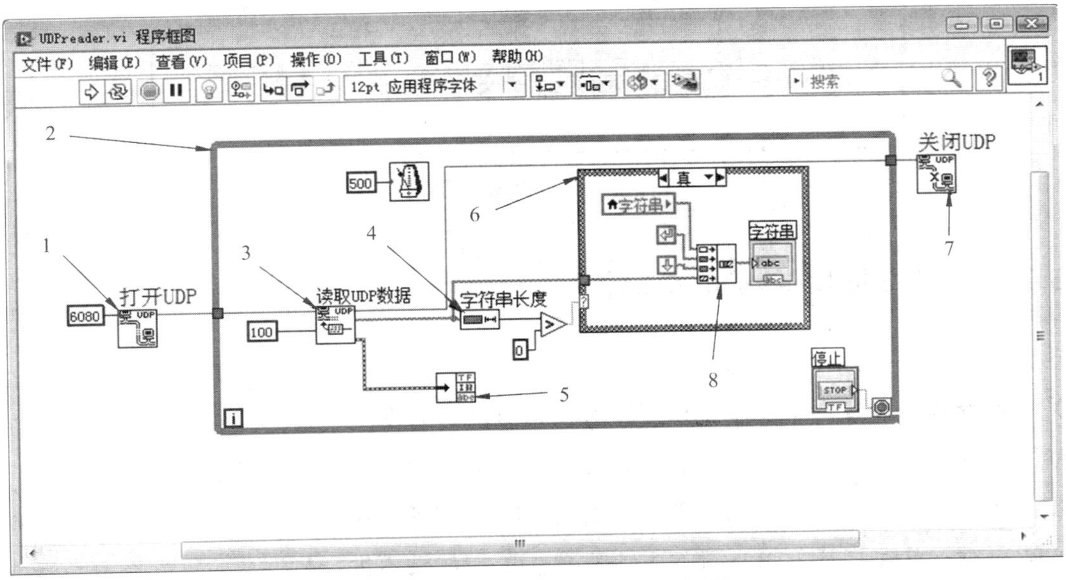

图 9.5.5 UDP 接收数据程序框图

④为获取字符串长度节点，其输入参数是节点③读取的字符串。节点④的创建路径为，程序框图右键单击弹出窗口，“函数”→“编程”→“字符串”→“字符串长度”，第 1 行

第 1 列。其输出为读取的字符串长度，当长度大于零时，才进入条件结构节点⑥的真分支，进行数据处理，否则不做任何处理。

在条件结构的真分支中，对读取到的数据进行显示。节点⑧为字符串连接操作节点，其左端最上面的参数为前面板控件字符串的局部变量，然后是回车与换行常数，最后才是最新接收到的数据。

节点③④⑤⑥⑧在 While 循环中会反复执行，直到停止按钮按下，才会执行关闭 UDP 节点⑦的功能，结束程序。

运行 UDP 数据接收程序，可能会出现如图 9.5.6 所示的防火墙阻止窗口，一定要选择其中的“解除阻止”按钮，运行程序使用指定的端口。

图 9.5.6 防火墙拦截窗口

9.5.6 UDP 数据发送端总体设计

LabVIEW 中的 UDP 发送程序的总体设计分为三步完成。第一步，打开端口，并进行相关通信参数的设置。第二步，反复检查发送事件是否发生，发生则获取接收程序的地址和读取数据进行发送；同时检查退出事件是否发生，发生则进入第三步，否则反复进行第二步操作。第三步，关闭 UDP，退出程序。UDP 发送程序的流程图如图 9.5.7 所示。程序开始运行时，首先打开 UDP，配置一个端口参数，如果不进行数据接收，这个参数没有实际意义。然后是反复检查发送事件和退出事件：如果发送事件发生，就利用写入 UDP 数据节点进行数据发送，否则就跳过写入 UDP 数据操作；如果退出事件发生，就关闭 UDP 退出程序，否则就继续返回检查事件是否发生。

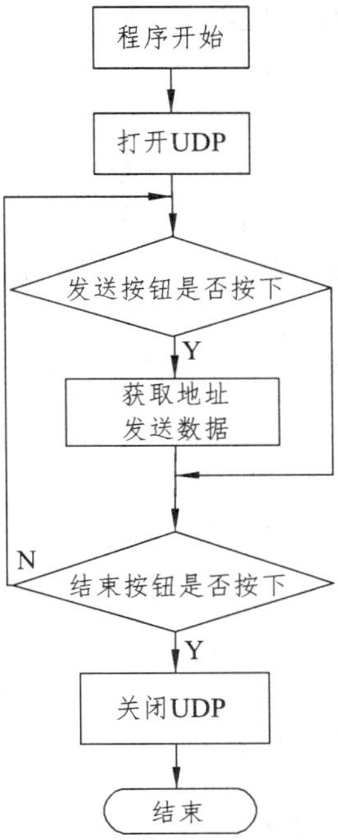

图 9.5.7　UDP 发送数据流程图

9.5.7　UDP 数据发送端前面板设计

UDP 发送程序的前面板设计比较简单，主要展现利用按钮事件进行 UDP 数据发送的过程，其效果如图 9.5.8 所示。一个标签为字符串的字符输入控件；两个停止按钮，并把一个的标签修改为发送按钮，另一个为简单标签，在前面板窗口双击鼠标即可出现输入框，输入“发送字符串数据”后，把字体大小修改为 23pt 即可。

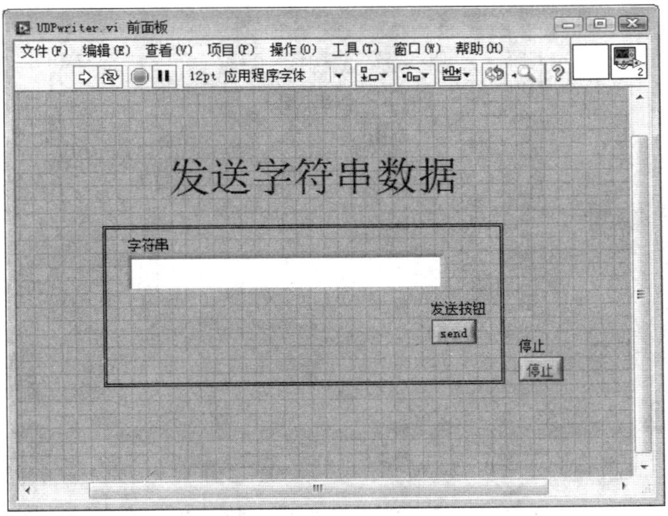

图 9.5.8　UDP 发送数据流程图

9.5.8 UDP 数据发送端程序框图设计

UDP 数据发送程序的设计，其逻辑功能主要集中于程序框图的设计。相对于前面板的设计，程序框图的设计就较为复杂。但是，其主要操作节点只有三个：打开 UDP、写入 UDP 数据和关闭 UDP，关键在于程序逻辑的组织。

如图 9.5.9 所示，字符串、发送按钮和停止按钮分别对应前面板上相对应的控件，其余节点则是需要新添加上去。

①为打开 UDP 节点，其端口参数为一个整数常数 7080，如果不进行数据接收这个端口值没有实际意义。

打开 UDP 节点完成后，将进入程序的主体结构。主体运行结构②为 While 循环，遇到真值时结束程序。While 循环的内部③为事件结构，包含两个事件分支。发送按钮事件分支，主要是⑤写入 UDP 数据操作，其左侧有两个重要的输入端，一个输入端为“字符串”字符输入控件的输入内容，另一个输入端为打开的 UDP 的连接 ID，必须是节点①打开 UDP 完成后的连接 ID 输出。写入 UDP 数据节点⑤上端有两个重要的输入，一个是由节点④通过字符串转换后的 IP 地址，IP 地址 127.0.0.1 表示本机，实际通信时应该为数据接收程序的 IP 地址，另一个就是数据接收程序的端口，这里使用的是整数常量 6080。IP 地址与端口号构成数据接收方的地址。节点④完成字符串转换为 IP 地址，其创建路径是，在程序框图中，右键弹出窗口，“函数”→“数据通信”→“协议”→“TCP”，字符串至 IP 地址节点位于 TCP 子选项板的第 2 行第 2 列。另外，发送按钮事件分支中，必须同时输出一个布尔常量 False 值⑥到 While 循环结束条件接线端，继续循环。停止事件分支，则相对简单，如图 9.5.10 所示，直接调用关闭 UDP 节点⑤，关闭 UDP，同时输出布尔常量 TRUE 值，结束 While 循环。

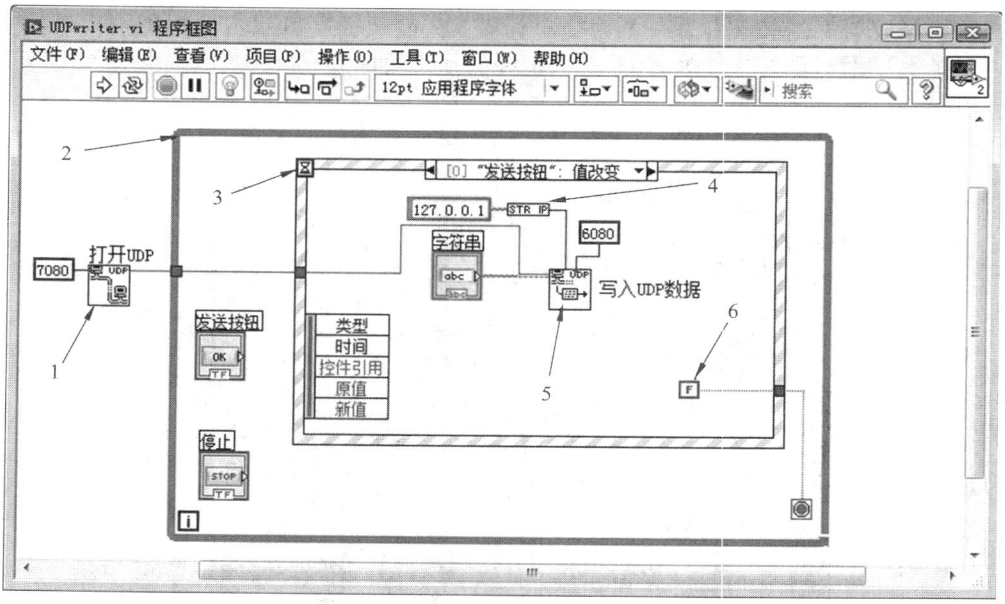

图 9.5.9 UDP 发送数据程序框图发送分支

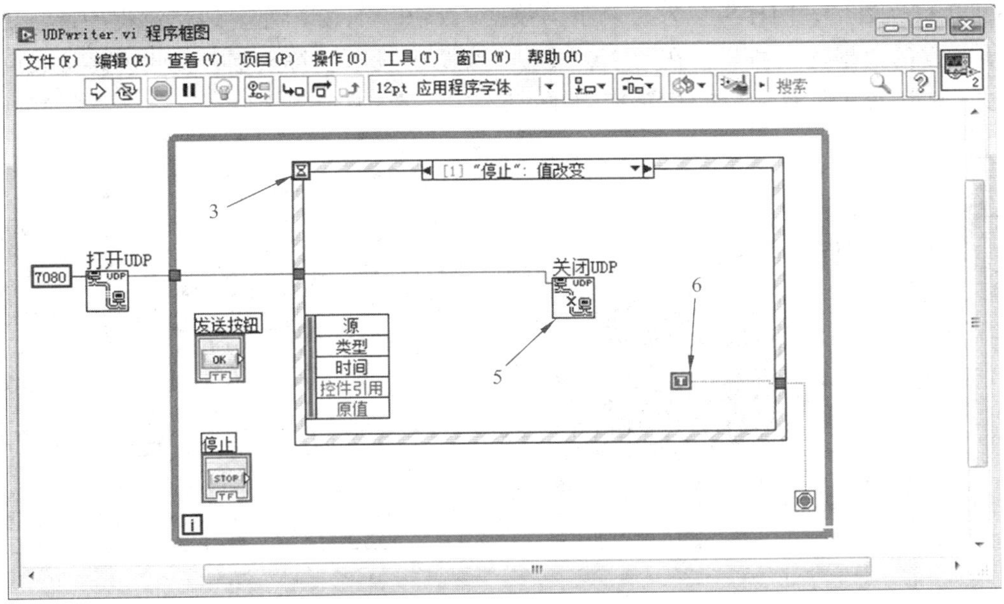

图 9.5.10　UDP 发送数据程序框图停止分支

9.5.9　UDP 数据通信效果

设计完成后，启动 UDP 数据接收程序，其界面如图 9.5.11（a）所示。在图 9.5.11（b）发送窗口中，在发送区域的字符串输入一堆数字 3，然后点击“发送”按钮，在左半部分的接收程序窗口中，可以看到前面发送的数字和刚刚发送的数字都显示在了字符显示框里，说明在一个主机上，UDP 数据发送和接收都成功了。若有条件，可以把这两个程序分别放在同一个局域网中不同的机器上，发送方的 IP 地址修改为接收方机器的 IP 地址，也可以进行 UDP 通信调试。

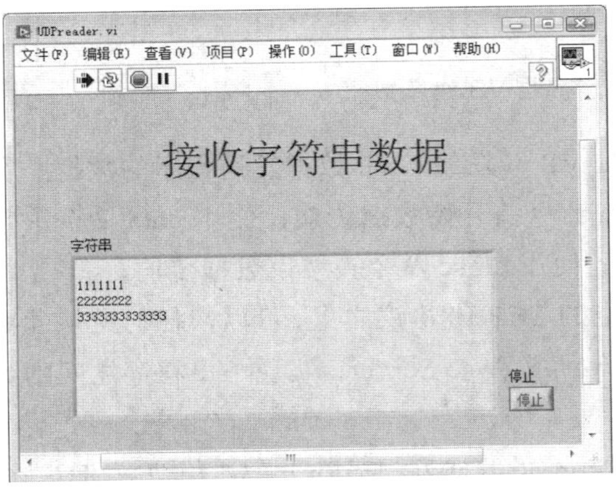

（a）

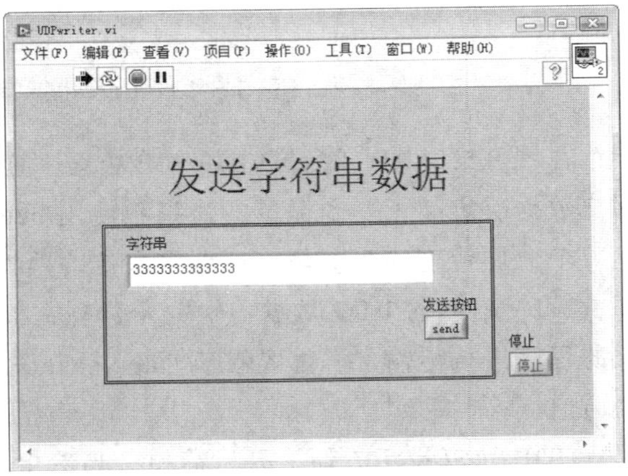

（b）

图 9.5.11　UDP 收发数据效果

UDP 数据通信，同样可以发送复杂的数据，如图 9.5.12 所示。通信过程中，需要设计好通信双方的数据通信协议。在图 9.5.12 中，发送方发送字符数字，接收方将接收到的字符串显示在字符串控件中，然后转换为浮点数，显示在波形图表中。

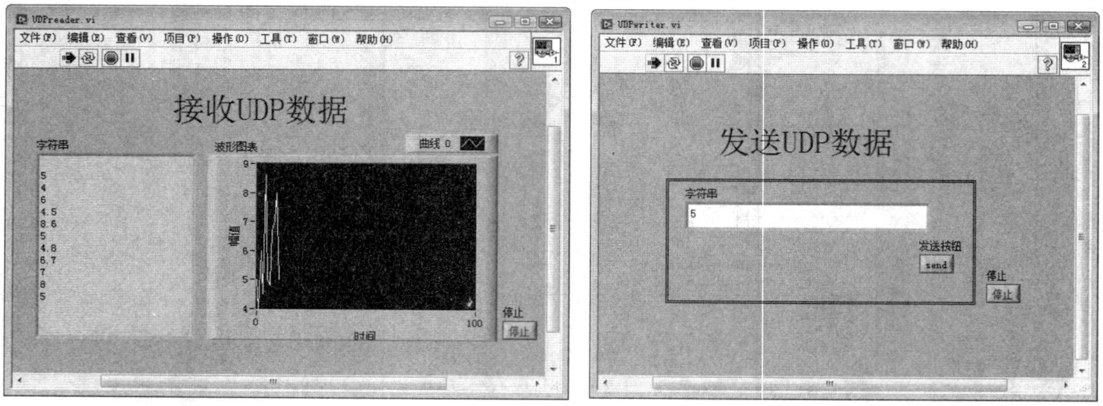

（a）　　　　　　　　　　　　　　（b）

图 9.5.12　UDP 收发数据效果

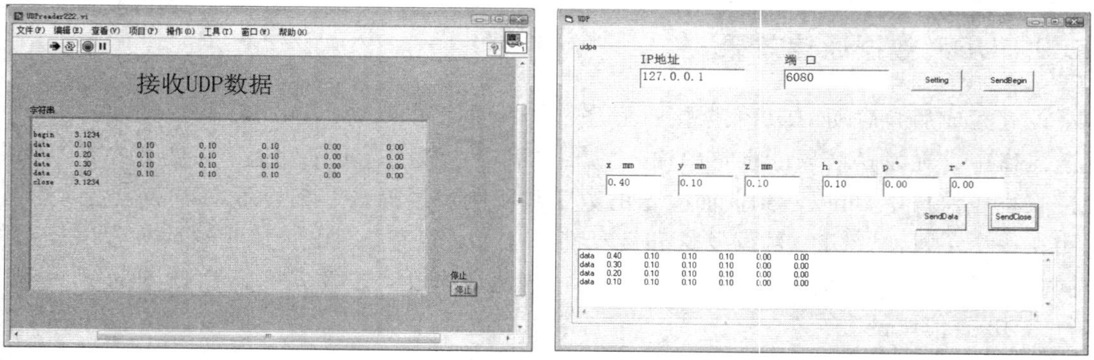

（a）　　　　　　　　　　　　　　（b）

图 9.5.13　LabVIEW 程序接收 VB 程序数据

在图 9.5.13 中，设计的 LabVIEW 程序接收 VB 开发的 UDP 数据发送程序的数据。在用户数据层定义了一个简单的协议：使用 begin 命令头开始数据传输；使用 data 命令头带上 6 个数据传输 6 个参数，可以多次传输数据；使用 close 命令头结束数据传输。

LabVIEW 的 UDP 数据传输完全建立在标准的 TCP/IP 协议之上，可以与任何遵从此协议的程序进行传输，不再依赖于 DataSocket Server 或 Web Server，实现了多程序之间的数据通信。

UDP 协议灵活方便，开发简单。当然也有其不足的地方，另外一个通信协议 TCP 可以有效地克服 UDP 的缺点，但是 TCP 程序开发相对较为复杂。对于 UDP 和 TCP 协议程序，LabVIEW 都提供了丰富的操作节点，读者可以进行深入的学习掌握。

练习与思考

1. 了解和掌握 TCP/IP 协议。
2. 了解和掌握套接字 Socket 的相关内容。
3. 了解和掌握 DataSocket 的相关内容。
4. 掌握 DataSocket 的数据读取与数据发送程序开发。
5. 编写并发布一个 Web 程序。
6. 认识和掌握 UDP 程序设计。
7. 编写一个 UDP 发送程序。
8. 编写一个 UDP 接收程序。

参考文献

[1] 程学庆. LabVIEW 图形化编程与实例应用[M]. 北京：中国铁道出版社，2005.

[2] 周鹏，许钢，等. 精通 LabVIEW 信号处理[M]. 北京：清华大学出版社，2013.

[3] 肖成勇，雷振山，等. LabVIEW2010 基础教程[M]. 北京：中国铁道出版社，2012.

[4] 章佳荣，等. 精通 LabVIEW 虚拟仪器程序设计与案例实现[M]. 北京：人民邮电出版社，2013.

[5] 阮奇桢. 我和 LabVIEW：一个 NI 工程师的十年编程经验[M]. 北京：北京航空航天大学出版社，2009.

[6] 陈树学，刘萱. LabVIEW 宝典[M]. 北京：电子工业出版社，2011.

[7] TRAVIS J. LabVIEW 大学实用教程[M]. 北京：电子工业出版社，2008.